Forschung und Praxis · Band 69

Berichte aus dem Fraunhofer-Institut
für Produktionstechnik und Automatisierung,
Stuttgart, und dem Institut
für Industrielle Fertigung und Fabrikbetrieb
der Universität Stuttgart

Herausgeber: Prof. Dr.-Ing. H. J. Warnecke

Jürgen Wilhelm Böcker

Prozeßüberwachung beim Galvanoformen

Mit 32 Abbildungen

Springer-Verlag
Berlin Heidelberg New York 1983

Dipl.-Chemiker Jürgen Wilhelm Böcker
Fraunhofer-Institut für Produktionstechnik und Automatisierung (IPA), Stuttgart

Dr.-Ing. H. J. Warnecke
o. Professor an der Universität Stuttgart
Fraunhofer-Institut für Produktionstechnik und Automatisierung (IPA), Stuttgart

D 93

ISBN 978-3-540-12457-3 ISBN 978-3-642-52228-4 (eBook)
DOI 10.1007/978-3-642-52228-4

Gesamtherstellung: Copydruck GmbH, Offsetdruckerei, Industriestraße 1-3, 7251 Heimsheim, Telefon 0 70 33/38 25-26
2362/3020-543210

Geleitwort des Herausgebers

Die Entwicklungen in der Produktionstechnik in den letzten Jahrzehnten haben entscheidend zur positiven wirtschaftlichen und sozialen Entwicklung in der Bundesrepublik Deutschland beigetragen. Die Produktivität konnte jedes Jahr um durchschnittlich etwa 3,5 % gesteigert werden. Mechanisierung und Automatisierung wurden und werden stetig weiter vorangetrieben. Während es sich bisher jedoch um Verbesserungen an einzelnen Maschinen und Anlagen sowie Verfahren handelte, werden heute alle Unternehmensbereiche erfaßt, und man ist bemüht, das gesamte System Unternehmen bzw. Produktionsbetrieb zu optimieren. Das klassische Bemühen um Optimierung des Einsatzes und Zusammenwirkens der Produktionsfaktoren Mensch, Maschine und Material muß heute erweitert werden, um die Berücksichtigung sozialer Belange,gesetzlicher Auflagen, Probleme der Energieversorgung, schnellen Veränderungen an den Produkten und auf den Märkten sowie Sicherung der Qualität und der Lieferfähigkeit.

Von wissenschaftlicher Seite wird und muß dieses Bemühen unterstützt werden durch die Entwicklung von Methoden und Vorgehensweisen zur systematischen Analyse und Verbesserung des Systems Produktionsbetrieb. Hier ist heute insbesondere auch der Fertigungsingenieur gefordert, nicht nur einzelne Maschinen und Verfahren zu beherrschen, sondern das gesamte komplexe System hinsichtlich der Verknüpfung seiner Elemente durch zweckmäßigen Informations- und Materialfluß. Beispielhaft seien dazu nur hinsichtlich des Informationsflusses die heute gegebenen Möglichkeiten der Datenerfassung und -verarbeitung in Fertigungsplanung und -steuerung, an den einzelnen

Produktionsanlagen sowie im Qualitätswesen genannt. Im Materialfluß geht es um richtige Auswahl und Einsatz von Fördermitteln, Förderhilfsmitteln sowie Anordnung und Ausstattung von Lägern. Der weiteren Automatisierung in der Handhabung von Werkstücken und Werkzeugen sowie der Montage von Produkten wird in nächster Zukunft allergrößte Aufmerksamkeit geschenkt werden. Leistungsfähige Sensoren werden die Möglichkeiten dafür sehr stark vergrößern.

Die beiden vom Herausgeber geleiteten Institute, das Institut für Industrielle Fertigung und Fabrikbetrieb der Universität Stuttgart sowie das Fraunhofer-Institut für Produktionstechnik und Automatisierung in Stuttgart, arbeiten in grundlegender und angewandter Forschung intensiv an den aufgezeigten Entwicklungen in der Produktionstechnik mit. Zur Umsetzung gewonnener Erkenntnisse wird die Schriftenreihe "IPA Forschung und Praxis" herausgegeben. Der vorliegende Band setzt diese Reihe fort, eine Übersicht über bisher erschienene Titel wird am Schluß dieses Bandes gegeben.

Dem Verfasser sei für die geleistete Arbeit gedankt, dem Springer-Verlag für die Aufnahme dieser Schriftenreihe in seine Angebotspalette und der Druckerei für saubere und zügige Ausführung. Möge das Buch von der Fachwelt gut aufgenommen werden.

Hans-Jürgen Warnecke

Vorwort

Die vorliegende Dissertation entstand während meiner Tätigkeit als wissenschaftlicher Mitarbeiter am Fraunhofer-Institut für Produktionstechnik und Automatisierung (IPA) in Stuttgart.

Herrn Professor Dr.-Ing. H.-J. Warnecke, dem Direktor des IPA und Leiter des Instituts für Industrielle Fertigung und Fabrikbetrieb (IFF) der Universität Stuttgart, bin ich für seine wohlwollende Förderung und Unterstützung sowie für die wertvollen Hinweise zu dieser Arbeit zu großem Dank verpflichtet.

Herrn Professor Dr.-Ing. R. Kammel, Institut für Metallurgie - Metallhüttenkunde - der Technischen Universität Berlin, danke ich für seine Bereitschaft zur kritischen Durchsicht des Manuskripts und die Übernahme des Mitberichts.

Herrn Professor Dr. rer. nat. J. Osterwald, Institut für Metallurgie - Metallhüttenkunde - der Technischen Universität Berlin, habe ich für seine zahlreichen Ratschläge und Diskussionsbeiträge zu danken.

Darüberhinaus möchte ich mich bei allen Mitarbeitern des IPA bedanken, die durch ihre Mitarbeit und anregende Kritik zum Gelingen der Arbeit beigetragen haben. Mein besonderer Dank gilt den Herren Dr.-Ing. K. Zerweck, Dipl.-Ing.(FH) T. Bolch und Dipl.-Ing.(FH) J. Fiedler.

Stuttgart 1983 Jürgen Wilhelm Böcker

Seite

0.2 Größen, Formelzeichen und Einheiten

			Seite
a	µm	Dicke der Nickelfolie	37
A	%	Bruchdehnung	38
b	mm	Breite des Nickelstreifens	37
c	mg/l	Konzentration im Elektrolyten	61
Δc	mg	Konzentrationsänderung	60
Δc_S	mg	Umgesetzte Masse an Saccharin	60
Δc_T	mg	Umgesetzte Masse an o-Toluolsulfonamid	60
Δc_B	mg	Umgesetzte Masse an Benzamid	60
c_o	mg/l	Konzentration auf der Elektrodenoberfläche	75
D	%	Duktilität nach Rolff	39
D'	cm^2/s	Diffusionskoeffizient	75
h	mm	Kalottenhöhe	39
i	A/dm^2	Stromdichte	60
J	mg/Ah	ladungsbezogener Massenumsatz	60
k	---	numerischer Faktor	76
K	mol/cm^2s	Stoffumsatz	60
L_O	mm	Anfangsmeßlänge	37
m_S	g	umgesetzte Masse an Saccharin	95
m_T	g	entstandene Masse an o-Toluolsulfonamid	95
m_B	g	entstandene Masse an Benzamid	95
m_{Ni}	g	abgeschiedene Masse an Nickel	95
M	g/mol	Molmasse	60
M_S	g/mol	Molmasse von Saccharin	60
M_T	g/mol	Molmasse von o-Toluolsulfonamid	60
M_B	g/mol	Molmasse von Benzamid	60
p	N/mm^2	Druck	41
q_V	Ah/l	Durchsatz	20
r	mm	Kalottenradius	39

			Seite
R	mm	Radius der Kugel, aus der die Kalotte einen Abschnitt bildet	41
R_m	N/mm^2	Zugfestigkeit	38
t	min.	Zeit	72
T	^oC	Temperatur	86
X_T	---	molares Verhältnis des zersetzten Saccharins zu o-Toluolsulfonamid	60
X_B	---	molares Verhältnis des zersetzten Saccharins zu Benzamid	60
γ	mN/m	Gleichgewichtsoberflächenspannung	50
σis	N/mm^2	innere Spannung	43
v	cm^2/s	kinematische Viskosität	75
w	rad/s	Winkelgeschwindigkeit	75

1 Einleitung

Die Galvanoformung ist eine in vielen Industriezweigen genutzte Fertigungsmethode /1-6/. Sie ergänzt sinnvoll und wirtschaftlich herkömmliche spanabhebende und umformende Verfahren.

Nickel als Werkstoff für die Galvanoformung wird dort angewandt, wo hohe Anforderungen an Festigkeit, Verschleiß und Korrosionsbeständigkeit gestellt werden. Durch die Wahl geeigneter Elektrolyte und deren Abscheidebedingungen können außerdem die Eigenschaften verändert und den späteren Anforderungen in einem weiten Bereich angepaßt werden /7-8/.

Im Rahmen einer umfangreichen Betrachtung galvanisch abgeschiedener Metallschichten im Maschinen-, Anlagen- und Apparatebau geben Bidmead und Davies einen Überblick über die Einsatzmöglichkeiten der Galvanoformung und die damit verbundenen Vorteile /9/. Bedeutende Anwendungsgebiete sind die Herstellung von Sieb- und Filterbauteilen /10-12/, sowie von Spritz- und Druckgießformen /13/. In der Luft- und Raumfahrt und in weiteren innovationsfreudigen Industriebetrieben wird diese Technik u.a. zum Herstellen von Raketenbrennkammern, Düsen, Hochfrequenzbauteilen, Reflektoren und Kantenschutzprofilen genutzt /14/.

Zuverlässigkeit und Funktionsfähigkeit galvanotechnischer Produkte werden durch entsprechende Prüfungen ermittelt. Bei der Qualitätskontrolle eines galvanisch abgeschiedenen Metalls wird nicht nur die Schutzwirkung gegen Korrosion und das dekorative Aussehen, sondern auch die Funktionalität der Metallschicht in Betracht gezogen. Entsprechend den Anforderungen, die an die Galvanoformung gestellt werden, sind hauptsächlich innere Spannungen, Festigkeit, Härte, Duktilität und Warmsprödigkeit untersucht worden /15-18/.

Von größter Bedeutung für die einwandfreie Abscheidung des Nickels auf die Badmodelle sind die inneren Spannungen in den Niederschlägen /19/. Aus einem zusatzfreien Watts-Elektrolyten abgeschiedene Nickelschichten weisen ausnahmslos hohe Zugspannungen auf. Die Nickelauflage kann sich bereits im Bad partiell vom Modell lösen, wobei sie sich gleichzeitig verformt und damit unbrauchbar wird /1/. Deshalb ist man im Watts-Elektrolyten und anderen Nickelbädern auf die Zugabe von spannungsvermindernden Zusätzen angewiesen. Sie ermöglichen es, spannungsfreie oder zumindest spannungsarme Nickelschichten abzuscheiden.

Die am meisten untersuchte Verbindung in ihrer Eigenschaft als Spannungsverminderer ist Saccharin (2,3-Dihydro-1,2-benzisothiazolon-(3)-1,1-dioxid) /20-22/. Neben spannungsvermindernden Zusätzen enthalten Elektrolyte für die Galvanoformung Tenside (s.S. 24).

Das Hauptproblem der Nickel-Galvanoformung besteht darin, mit diesen beiden notwendigen organischen Stoffen die geforderten Werkstoffeigenschaften über einen langen Beschichtungsraum zu gewährleisten. Sofern einfache, überschaubare Zusammenhänge zwischen Elektrolytzusammensetzung, Abscheidebedingungen und mechanischen Eigenschaften vorliegen würden, ließe sich die Fertigungssicherheit ohne weiteres abschätzen. Die in der Literatur beschriebenen Abhängigkeiten beziehen sich meist auf Angaben, die in neuangesetzten Elektrolyten oder in Elektrolyten mit geringer durchgesetzter elektrischer Ladung (Ah/l) ermittelt wurden. Tatsächlich liegen in der Praxis Probleme vor, die Werkstoffeigenschaften der Galvanoschalen in kleinen Schwankungsbereichen über einen größeren Durchsatz zu gewährleisten.

Die spannungsvermindernden Zusätze zersetzen sich während der Elektrolyse /23, 24/. Deshalb lassen sich die schon vorliegenden umfangreichen Untersuchungen über die Wirkung des Saccharins nur bedingt auf die Arbeitsbedingungen der Galvanoformung übertragen, da es durch die langen Abscheidezeiten zu einer Anreicherung von Zersetzungsprodukten im Elektrolyten kommt, die die geforderten Schichteigenschaften beeinflussen können.

Im Rahmen dieser Arbeit wird das Langzeitverhalten der Galvanoformungselektrolyte untersucht, um daraus Hinweise zur Bauteiloptimierung und zur Qualitätssicherung abzuleiten. Durch die verbesserte Kenntnis der Prozeßzusammenhänge läßt sich die Fertigungssicherheit des Galvanoformungsverfahrens bedeutend erhöhen.

2 Problemstellung

Die Qualität eines Produktes der Galvanoformung kann wesentlich durch die galvanischen Verfahrensparameter beeinflußt werden. Technischer Nutzen der Galvanoformung läßt sich nur erzielen, wenn es gelingt, galvanische Schichten mit gleichbleibenden, definierten Eigenschaften reproduzierbar und wirtschaftlich abzuscheiden.

Von besonderer Bedeutung für den Einsatz galvanogeformter Werkstücke ist neben den inneren Spannungen die Duktilität des abgeschiedenen Nickels. Die Duktilität eines Metalls ist die Fähigkeit, sich unter Spannung plastisch oder elastisch zu verformen und diese Verformung nach dem Wegfall der verformenden Spannung beizubehalten. Die Duktilität ist damit eine wichtige Voraussetzung für eine dauerhafte Betriebssicherheit galvanogeformter Bauteile. Als Maß für die Duktilität kann die Bruchdehnung angesehen werden /25/. Metalle, die eine Bruchdehnung von unter 5%

besitzen, werden in der Praxis als spröde, über 5% werden sie als duktil bezeichnet /15/.

Durch die Zersetzung des Saccharins und der damit verbundenen Anreicherung an Zersetzungsprodukten werden die mechanischen Eigenschaften der Niederschläge in starkem Maße beeinflußt. Zum Aufrechterhalten bestimmter mechanischer Eigenschaften müssen die sich im Verlauf der Elektrolyse ändernden Konzentrationsverhältnisse korrigiert werden. Über die Zugabemenge und die dabei auftretenden Eigenschaftsänderungen liegen keine detaillierten Angaben vor. Dazu müssen aber genaue Verbrauchsdaten bekannt sein, oder Möglichkeiten zur Analyse des aktuellen Gehaltes an organischen Elektrolytzusätzen zur Verfügung stehen.

Die Schichteigenschaften werden bei einem galvanischen Prozeß während der Elektrolyse erzeugt. Die Gebrauchstauglichkeit eines galvanogeformten Bauteils zeigt sich aber erst im praktischen Einsatz. Ein frühzeitiges Erkennen von ungünstigen Einflußgrößen auf die Schichteigenschaften erscheint notwendig. Wünschenswert wäre die Vorhersage der zu erwartenden Werkstoffeigenschaften bei bestimmten Galvanisierbedingungen. Trotz vieler Einzelinformationen ist es bisher nicht möglich, die in der Literatur vorliegenden Kenntnisse auf die Praxis zu übertragen, da keine Analysenmethode zur Verfügung stand, um die Art und Menge der sich bildenden Zersetzungsprodukte quantitativ zu erfassen. Vor allem sind viele Größen, die den Zersetzungsmechanismus des Saccharins beeinflussen können, noch nicht erfaßt. Quantitative Angaben über die mechanischen Eigenschaften von Nickelformen bei Abscheidung in Anwesenheit von Saccharin und Tensiden existieren nicht.

Um nicht nur Saccharin, sondern auch seine Zersetzungsprodukte qualitativ und quantitativ nachweisen zu können, mußte eine neue Analysenmethode entwickelt werden. Damit diese Analysenmethode für die Qualitätssicherung in der Praxis geeignet ist, lagen die Forderungen in der einfachen Durchführung und in einer schnellen, möglichst automatisierbaren Auswertung der Ergebnisse. Die Flüssigkeitschromatographie bietet die Möglichkeit, Substanzgemische in die Einzelkomponenten aufzutrennen und damit qualitative und quantitative Aussagen zu machen.

Mit Hilfe dieser Analysentechnik werden Zusammenhänge zwischen Elektrolytzusammensetzung, Arbeitsbedingungen und Zersetzungsprodukten des Saccharins ermittelt. Da der Zersetzungsmechanismus und die damit verbundene Anreicherung der Zersetzungsprodukte im Langzeitverhalten die mechanischen Eigenschaften sehr stark beeinflußt, wird eine Zuordnung zwischen den Analysenergebnissen und den Schichteigenschaften gesucht.

Die so gewonnenen Kenntnisse sollen einen wesentlichen Beitrag zur Elektrolytüberwachung und zur Sicherung des Fertigungsablaufes beim Galvanoformen liefern. Einflüsse des Saccharinabbaus und der entstehenden Zersetzungsprodukte auf die Schichteigenschaften im Langzeitverhalten werden damit aufgedeckt. Dadurch können rechtzeitig Korrekturmaßnahmen ergriffen werden. Dies wird sich günstig auf die Wirtschaftlichkeit auswirken. Denn der erfolgreiche Einsatz funktioneller Schichten setzt voraus, daß die Metallschichten mit definiert meßbaren Eigenschaften abgeschieden werden, und daß sich die Merkmale beim Galvanisieren stets aufs neue reproduzieren lassen.

Da es nicht möglich ist, alle Eigenschaften gleichzeitig optimal einzustellen, ist es erforderlich, die Abscheidebedingungen und damit die Beschaffenheit des Metalls den Anforderungen entsprechend zu wählen. Nach genauer Formulierung der Funktion des Bauteils muß dann oft zwischen Hauptzweck und Nebenzweck unterschieden werden. In Tabelle 1 sind einige Anwendungsfälle der Galvanoformung mit Nickel und die jeweils geforderten Werkstoffeigenschaften aufgeführt, wobei in der Literatur nicht angegeben ist, inwieweit andere Werkstoffeigenschaften toleriert werden können.

Galvanogeformtes Bauteil	geforderte Werkstoffeigenschaft
Siebdruckzylinder /26/	Härte 400 bis 600 HV
Scherblatt /27/	Duktilität 10 bis 20 %
Preßmatrizen für Schallplatten /28/	innere Spannungen 0 bis 50 N/mm^2 Zugfestigkeit 600 bis 700 N/mm^2
Sieb /29/	innere Spannungen 0 bis 20 N/mm^2
Metalldruckgieß-form /30/	Härte 290 bis 370 N/mm^2 Zugfestigkeit 875 bis 1240 N/mm^2
Spritzgießform /31/	Zugfestigkeit 860 bis 1500 N/mm^2

Tabelle 1: Anwendungsbeispiele galvanogeformter Nickel-Bauteile mit Angaben der geforderten Werkstoffeigenschaften (Literaturübersicht)

Dabei war eine Beschränkung auf den Watts-Elektrolyten mit konstantem Gehalt der anorganischen Bestandteile angebracht. Andere Elektrolyte, wie der Nickelsulfamatelektrolyt oder Elektrolyte zur Abscheidung von Nickellegierungen bzw. Nickeldispersionsschichten wurden nicht untersucht. Die Untersuchungen sind so durchgeführt, daß sie auch für andere Elektrolyte geeignet sind, um die Flüssigkeitschromatographie als weitere Methode zur Fertigungsüberwachung einzusetzen.

3 Stand der Technik und Wissenschaft

Da Eigenschaftsuntersuchungen am zu fertigenden Bauteil während der Elektrolyse nicht möglich sind, ist man neben der analytischen Überwachung der Elektrolytzusammensetzung und der ständigen Kontrolle der Arbeitsbedingungen vor allem auf das Mitgalvanisieren von Prüfblechen bzw. -streifen angewiesen, an denen die gewünschten Eigenschaften überprüft werden können /16, 28/. Edwards untersuchte das Langzeitverhalten von saccharinhaltigen Glanznickelelektrolyten. Die hierbei wesentlichen Schichteigenschaften Glanz, Duktilität und Korrosionsbeständigkeit zeigen nach einem Durchsatz von 1200 Ah/gal keine tolerierbaren Werte mehr /32/.

Ist der Elektrolyt durch die Zersetzungsprodukte des Saccharins so stark verunreinigt, daß sich die Schichteigenschaften erheblich ändern, wird in den Betrieben für Galvanoformung nach einer gewissen durchgesetzten elektrischen Ladung (Durchsatz q_V) eine Aktivkohlebehandlung des Elektrolyten durchgeführt, bei der alle organischen Stoffe entfernt werden /33/. Nach neuerlicher Zugabe der organischen Stoffe soll wieder der Ausgangszustand des Elektrolyten erreicht sein. Erfahrungen aus der Praxis widersprechen dieser Annahme /34/.

Es hat nicht an Versuchen gefehlt, eine analytische Untersuchung des Saccharingehaltes durchzuführen, um damit Angaben über die Konzentrationsveränderungen in Abhängigkeit vom Durchsatz zu erhalten. Als geeignete Methode hat sich die polarographische Analyse bewährt /35-36/. Die Saccharinanalyse allein reicht jedoch nicht aus, um alle geforderten Eigenschaften zu gewährleisten. Dies ist auf die sich bildenden Zersetzungsprodukte des Saccharins zurückzuführen, die bisher nicht vollständig und quantitativ unter Betriebsbedingungen nachweisbar sind.

Die spannungsvermindernde Wirkung durch Zugabe organischer Substanzen zum Elektrolyten ist noch nicht vollständig geklärt. Es bestehen mehrere Mechanismen, wie organische Verbindungen im Elektrolyseprozeß wirksam werden /37/. Einmal kann der unveränderte Einbau des Moleküls in das abgeschiedene Metall erfolgen, zum anderen ein Einbau nach chemischer Veränderung (Zersetzung). Außerdem besteht die Möglichkeit der Desorption der unveränderten Moleküle oder der Desorption nach chemischer bzw. elektrochemischer Veränderung und Rücktransport der Moleküle in das Elektrolytinnere.

Spannungsvermindernde Substanzen enthalten ausnahmslos Schwefel, oft in der Gruppierung $-C-SO_2$, wobei das C-Atom auch Bestandteil eines Benzol- oder Naphthalinkerns sein kann /38/. Die spannungsvermindernde Wirkung der organischen Schwefelverbindungen ist mit einem Einbau des Schwefels in den Nickelniederschlag verbunden. Schon Raub und Wittum erkannten, daß der in den Nickelschichten vorhandene Schwefel als Sulfid vorliegt /39/.

Die bisher durchgeführten Untersuchungen beschränken sich einmal auf den Einbau der nichtmetallischen Elemente, wie Kohlenstoff, Schwefel und Stickstoff in den Nickelniederschlag, zum anderen auf die entstehenden Zersetzungsprodukte, die durch ihre Art Rückschlüsse auf den Zersetzungsmechanismus der organischen Zusätze ermöglichen. In den meisten Fällen enthalten die Niederschläge im Vergleich zur Ausgangssubstanz mehr Schwefel als Kohlenstoff oder ausschließlich Schwefel.

Kendrick untersuchte eine Reihe von organischen Schwefelverbindungen: Durch Benzol-Derivate, Naphthalin- und Naphthol-Sulfonsäuren werden in den Niederschlag Schwefel und auch Stickstoff eingebaut, soweit sie im Molekül vorhanden sind, Kohlenstoff dagegen wird nicht nachgewiesen /40/. Nur Niederschläge aus Elektrolyten mit Naphthylamin- Sulfonsäuren enthalten Kohlenstoff, Stickstoff und Schwefel. Die Mengenverhältnisse Schwefel:Kohlenstoff:Stickstoff aus Lösungen mit Naphthylamin-mono-Sulfonsäuren abgeschieden, lassen auf einen vollständigen Einbau des Moleküls schließen. Obgleich auch die Disulfonsäuren alle drei Elemente beisteuern, scheint es, daß nur ein Teil des Ausgangsstoffes in den Niederschlag eingebaut wird. Dies zeigt, mit Ausnahme der Naphthylamin-Sulfonsäuren, daß es an der Kathode zu einer Spaltung der Moleküle der zugesetzten Schwefelverbindungen kommt.

Edwards untersuchte mit S-35 markiertes Saccharin und p-Toluolsulfonamid. Von beiden Substanzen wird in etwa die gleiche Schwefelmenge in die Nickelschicht eingebaut. Bei verschiedenen Mischungen beider Substanzen wird der Schwefel bevorzugt vom Saccharin geliefert /41/.

Strauch und Striegler untersuchten unter anderem auch die Abhängigkeit des Schwefelgehaltes im Nickelniederschlag zur Saccharinkonzentration im Elektrolyten sowie den Einfluß auf die inneren Spannungen /42/. Bei Zugabe bis 20 mg/l steigt der Schwefelgehalt in den von Strauch und Striegler untersuchten Nickelschichten. Bei weiterer Erhöhung der Saccharinkonzentration im Elektrolyten nimmt der Gehalt an Schwefel im Niederschlag nicht mehr zu. Er bleibt bis ca. 75 mg/l Saccharin konstant. Zwischen den inneren Spannungen und dem Schwefelgehalt besteht kein direkter funktioneller Zusammenhang. Die Zugspannungen des Nickelniederschlags verringern sich beim Zusatz der organischen Substanz. Im Bereich von 40 bis 50 mg/l Saccharin gehen die Zug- in Druckspannungen über. Diese Druckspannungen bleiben auch bei höheren Saccharinkonzentrationen erhalten.

Knödler untersuchte die Eigenschaften von Nickelniederschlägen aus einem Watts-Elektrolyten mit 100 mg/l Saccharin beim Abarbeiten des Elektrolyten /43/. Die Niederschläge weisen zu Beginn Druckspannungen auf. Die Saccharin verbraucht sich, und nach einiger Zeit gehen die Druckspannungen in Zugspannungen über. Mit steigendem Durchsatz nehmen sie Werte an, die für das zusatzfreie Nickelbad charakteristisch sind. Die Härte fällt mit steigendem Durchsatz und nähert sich den Werten für das zusatzfreie Bad. Ebenso nehmen die Kohlenstoff- und Schwefelgehalte der Niederschläge entsprechend dem Verbrauch an Saccharin ab. Das Gewichtsverhältnis Schwefel:Kohlenstoff im Niederschlag beträgt etwa 1:1, im Saccharinmolekül dagegen 2,6:1, d.h. die Niederschläge enthalten relativ mehr Schwefel als Kohlenstoff. Dies ist auf die schon erwähnte Zersetzung zurückzuführen. Es bildet sich an der Kathode Benzamid. Knödler nimmt an, daß bei der reduktiven Abspaltung des Schwefels als Zwischenprodukt schweflige Säure entsteht /38/. Als Endprodukt bildet sich Nickelsulfid, das in den Nickelniederschlag eingebaut wird.

Für zahlreiche spannungsvermindernde Zusätze im Nickelelektrolyten sind die entstehenden Zersetzungsprodukte von Dubský qualitativ nachgewiesen worden. Auch hierbei zeigt sich, daß bei den untersuchten schwefelhaltigen Verbindungen als Zersetzungsprodukte zu einem großen Teil die jeweils schwefelfreien Verbindungen auftreten /23,24/. Für das Saccharin sind neben Benzamid weitere Zersetzungsprodukte wie Benzylsultam, o-Toluolsulfonamid, Benzylamin und Toluol ermittelt worden. Strube fand als Zersetzungsprodukte nur Benzamid, Benzylsultam und o-Toluolsulfonamid, während Benzylamin nicht gefunden wurde /44/.

Neben den spannungsvermindernden Zusätzen enthalten Elektrolyte für die Nickelgalvanoformung Tenside. Der Begriff "Tensid" ist eine von Götte eingeführte Sammelbezeichnung für grenzflächenaktive Verbindungen /45/. Es handelt sich bei einem Tensid um eine chemische Verbindung, die in einer Flüssigkeit gelöst an einer Grenzfläche bevorzugt adsorbiert wird (nach DIN 53 900). Tenside sind also definitionsgemäß stark grenzflächenaktive Verbindungen.

Tenside senken zunächst in Abhängigkeit von der Konzentration die Oberflächenspannung wäßriger Lösungen. Es wird schließlich ein Bereich erreicht, wo auch durch Erhöhung der Tensidkonzentration keine weitere Erniedrigung der Oberflächenspannung möglich ist. Da mit steigender Konzentration jetzt die Tensidmoleküle sich zu Mizellen zusammenlagern, wird diese Konzentration als kritische Mizellbildungskonzentration bezeichnet, die mit CMC abgekürzt wird. Die dazu korrespondierende Oberflächenspannung stellt die größtmögliche Erniedrigung der Oberflächenspannung des Wassers durch das verwendete Tensid dar.

Obwohl von der Chemieindustrie zahlreiche Tenside angeboten werden, ist doch die Zahl der für die Galvanotechnik brauchbaren Verbindungsklassen relativ gering /46/. Die vorrangige Aufgabe eines Tensids in einem galvanischen Bad ist die Senkung der Oberflächenspannung. Besonders wenn die Metallabscheidung nicht mit 100%iger Stromausbeute erfolgt, kann der Einsatz von Tensiden helfen, porenfreie Schichten zu erzielen. Sie werden deshalb meist als "Netzmittel" oder "Porenverhütungsmittel" (Antipitting-Zusatz) bezeichnet.

Bedingt durch ihren molekularen Aufbau senken Tenside nicht nur die Oberflächenspannung, sondern sie können den Ablauf der elektrochemischen Elektrodenprozesse beeinflussen. Wie groß der Einfluß der Molekülgröße des Tensids bei der galvanischen Abscheidung von Zink ist, zeigt die Arbeit von Tombrink /47/.

In Nickelelektrolyten kommen vorwiegend Fettalkoholsulfate und Fettalkoholpolyethersulfate zum Einsatz. Bei starker Elektrolytbewegung durch Einblasen von Luft werden Tenside mit geringem Schäumvermögen eingesetzt /48/. Bei den schaumarmen Tensiden handelt es sich um kurzkettige verzweigte Alkylsulfate oder Sulfobernsteinsäureester. Es kommen damit ausschließlich Aniontenside zum Einsatz. Spähn untersuchte den Einfluß verschiedener Tenside auf die Härte /49/. Malak beschreibt zwei verschiedene Typen von Tensiden für den Einsatz in Nickelelektrolyten /50/.

Nichtionogene Tenside werden nur zur Erzeugung von satinartigen Nickelüberzügen eingesetzt, wobei im Elektrolyten eine hochdispergierte Emulsion aus Polyalkylenoxiden gebildet wird /51/. Auch bei der Dispersionsabscheidung kommt der Wahl geeigneter Tenside besondere Bedeutung zu /52/.

4 Erarbeiten der Meß- und Prüfmethoden

4.1 Die Analyse von Saccharin und den Zersetzungsprodukten

Für dieses Analysenproblem war eine Methode zu entwickeln, die es gestattet, aus einer konzentrierten Nickelsalzlösung (ca. 1,5 molar) ein Gemisch von organischen Stoffen (10^{-3} bis 10^{-6} molar) selektiv zu analysieren. Diese erhöhte Anforderung an die Analytik führte zwangsläufig zur Anwendung von chromatographischen Verfahren. Jede chromatographische Trennung beruht auf Unterschieden in den Wanderungsgeschwindigkeiten der Probenbestandteile. Diese Unterschiede entstehen durch verschieden große Aufenthaltswahrscheinlichkeit in der stationären Phase (Trennsäule). Die bewegte Phase, die allein den Transport durch die Trennsäule bewirkt, kann ein Gas oder eine Flüssigkeit sein. Je nach der Art der verwendeten mobilen Phase unterscheidet man zwei Hauptgruppen. Während für die Gaschromatographie (GC) nur Stoffe in Frage kommen, die flüchtig sind oder sich bei höheren Temperaturen unzersetzt verdampfen lassen, ist für die Flüssigkeitschromatographie (LC) Bedingung, daß sich die Substanzen in irgendeinem Lösungsmittel lösen.

Die Entwicklung der Säulenchromatographie mit flüssiger mobiler Phase führte durch die Übertragung von Erkenntnissen aus der Gaschromatographie zu Säulenfüllungen mit sehr kleinen Teilchen (bis herab zu 5 µm Partikeldurchmesser), die als HPLC (high performance liquid chromatography) bezeichnet wird /53/. HPLC wird oft als high pressure liquid chromatography angegeben. HPLC ist aber ausschließlich unter dem Aspekt von high performance (=hohe Leistung) zu sehen /54/.

Saccharin und seine Zersetzungsprodukte liegen in Wasser gelöst vor, der Nickelelektrolyt kann somit direkt auf die Trennsäule gegeben werden. Es ist weder eine Vorbehandlung des Elektrolyten noch eine Extraktion der organischen Bestandteile notwendig. Hierdurch ist gewährleistet, daß alle organischen Stoffe erfaßt werden. Die anorganischen Elektrolytbestandteile werden zuerst eluiert und haben keinen Einfluß auf die Trennung /55/.

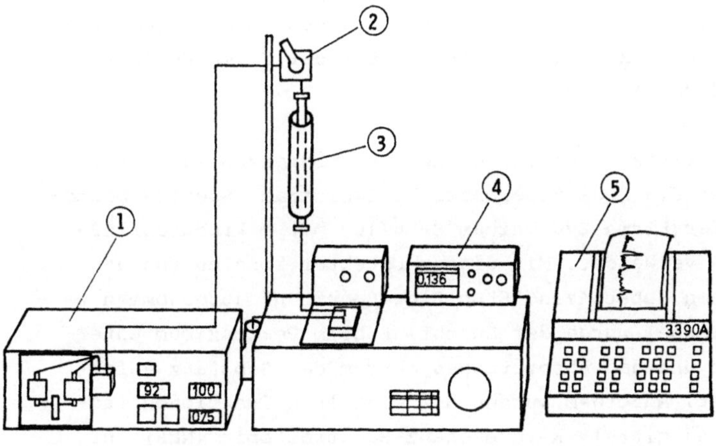

Bild 1: Aufbau einer HPLC-Apparatur (Erläuterungen siehe Text)

Bild 1 zeigt den Aufbau der HPLC-Apparatur. Die Pumpe (1) der Firma Gynkotek Modell 600 fördert pulsationsfrei das Lösungsmittel über das Probenaufgabeventil (2) zur Trennsäule (3). Die Trennsäule wird zur Erhöhung der Reproduzierbarkeit auf konstante Temperatur gehalten. Nach dem

Verlassen der Trennsäule werden die Probenbestandteile mit einem Detektor (4) nachgewiesen. Als Detektor wurde ein UV-Spektralphotometer der Firma Kontron, Modell Uvikon LCD 725, eingesetzt.

Die Flüssigkeitschromatographie liefert unmittelbar eine qualitative wie auch eine quantitative Aussage. Die Elutionszeit (Zeit, nach der die Substanz vom Detektor registriert wird) ist nach den gewählten Bedingungen für jeden Stoff des Gemisches charakteristisch, und die Fläche jedes Signals ist der Menge des entsprechenden Stoffes proportional. Die quantitative Analysenauswertung erfolgte mit einem elektronischen Integrator der Firma Hewlett Packard Modell 3390 A (5).

Zur Identifizierung der einzelnen Substanzen wurde als Detektor ein registrierendes UV-Zweistrahl-Spektralphotometer der Firma Pye Unicam SP 8/100 mit Mikrodurchflußküvette verwendet. Mit diesem Detektor konnten von den einzelnen Substanzen "Stop-Flow-Spektren" aufgenommen werden. Hierbei wurde der Durchfluß beim Peakmaximum unterbrochen und das Absorptionsspektrum der Substanz aufgezeichnet. Außerdem wurden die einzelnen Fraktionen isoliert und mittels Kernresonanz-Spektroskopie (NMR) auf ihre Reinheit geprüft.

4.2 Die Zersetzungsreaktionen des Saccharins

Eine Auswahl der möglichen Zersetzungsprodukte des Saccharins ist in Bild 2 dargestellt. Um festzustellen, welche dieser Stoffe tatsächlich auftreten, wurde zunächst, abweichend von den Bedingungen in der Praxis, der Kathoden- vom Anodenraum mit einem Diaphragma getrennt und mittels einer Elektrolytbrücke verbunden.

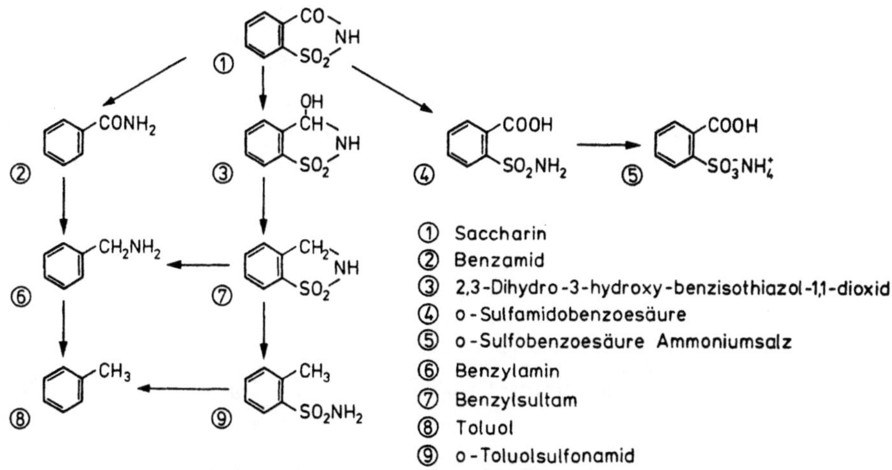

Bild 2: Möglichkeiten des Saccharinabbaus

4.2.1 Kathodische Zersetzung

Saccharin zersetzt sich während der Elektrolyse zu Benzamid und o-Toluolsulfonamid. Das o-Toluolsulfonamid wird über die Zwischenstufen 2,3-Dihydro-3-hydroxy-benzisothiazol-1,1-dioxid und Benzylsultam gebildet, wobei jede Reaktion eine Zweielektronen-Reduktion darstellt, bei der weder Kohlenstoff noch Schwefel vom Molekül abgespalten werden. Die beiden Zwischenprodukte sind in äußerst geringen Mengen im Elektrolyten nachweisbar.

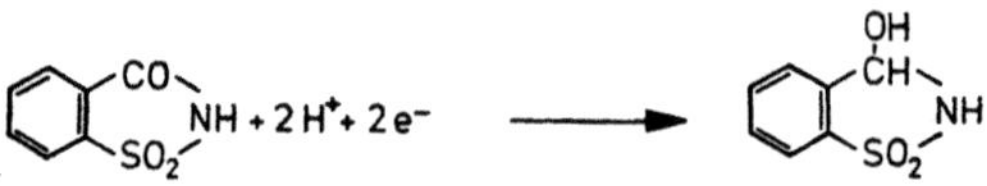

(1)

Saccharin — 2,3-Dihydro-3-hydroxy-benzisothiazol-1,1-dioxid

(2)

2,3-Dihydro-3-hydoxy-benzisothiazol-1,1-dioxid — Benzylsultam

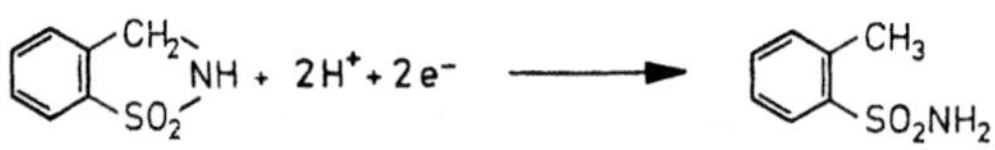

(3)

Benzylsultam — o-Toluolsulfonamid

Bei der Bildung von Benzamid aus Saccharin wird der Schwefel nach Brook und Crossley zunächst in Form von schwefliger Säure abgespalten /56/:

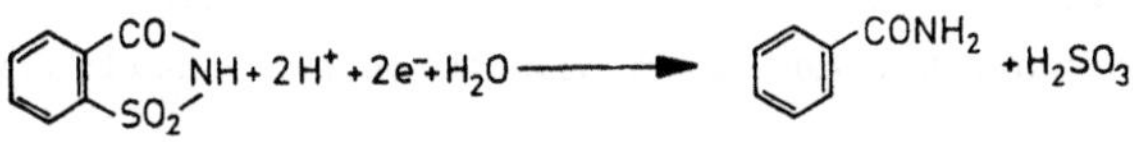

(4)

Saccharin Benzamid

In einer Folgereaktion wird dann die schweflige Säure bis zum Sulfid reduziert:

$$H_2SO_3 + Ni^{2+} + 4H^+ + 6e^- \longrightarrow NiS + 3H_2O \qquad (5)$$

4.2.2 Anodische Zersetzung

Im abgetrennten Anodenraum wurden folgende Materialien bei der Elektrolyse eingesetzt: Elektrolytnickel, Titan und Platin. Während an der Elektrolytnickelanode keine Zersetzung des Saccharins zu beobachten ist, findet an den Inertanoden eine Zersetzung des Saccharins zu o-Sulfobenzoesäure statt. Die gleiche Reaktion findet auch an einer passiven Nickelanode statt.

4.2.3 Verhalten des Saccharins ohne Elektrokristallisation

Für diese Untersuchungen wurde ein Elektrolyt aus Natriumsulfat, Natriumchlorid und Borsäure in gleichen Konzentrationsverhältnissen wie im Watts-Elektrolyten verwendet. Als Kathode diente aus zusatzfreiem Watts-Elektrolyten abgeschiedenes Nickel. Das Saccharin wird an der Kathode im untersuchten Potentialgebiet bis -1200 mV gegen Ag/AgCl nicht zersetzt. Auch an einer Quecksilber-Pool-Elektrode findet bei der Elektrolyse des Watts-Elektrolyten keine kathodische Zersetzung des Saccharins statt. Die kathodische Zersetzung ist damit an die Elektrokristallisation gebunden.

4.2.4 Weitere Zersetzungsprodukte

Weitere Zersetzungsprodukte werden auch nach sehr langem Betrieb des Elektrolyten (über 100 Ah/l) nicht gefunden. Das bedeutet aber nicht, daß nicht weitere Stoffe während der Elektrolyse entstehen können, die z.B. flüchtig sind. Jedenfalls können sie nicht im Elektrolyten nachgewiesen werden.

Für das Zwischenprodukt Benzylamin wurde durch Vakuumdestillation nachgewiesen, daß es während der Elektrolyse entsteht. Durch die Destillation wird das Benzylamin der weiteren elektrochemischen Zersetzung entzogen.

4.2.5 Quantitative Analyse von Saccharin und seinen Zersetzungsprodukten

Mit der oben beschriebenen Methode wurden neben Saccharin die beiden Zersetzungsprodukte o-Toluolsulfonamid und Benzamid quantitativ ermittelt. Benzylsultam und 2,3-Dihydro-3-hydroxy-benzisothiazol-1,1-dioxid wurden in Konzentrationen kleiner als 1 mg/l gefunden und damit in der Auswertung nicht berücksichtigt.

Die Elektrolytproben wurden zur Vermeidung von Volumenfehlern in abgeschlossenen Probefläschchen auf Raumtemperatur abgekühlt und nicht filtriert. Stattdessen war vor die analytische Trennsäule eine kurze Vorsäule geschaltet, die die Verunreinigungen zurückhielt und bei Bedarf erneuert wurde. Von jeder Elektrolytprobe wurden zwei Analysen durchgeführt. Die Analyse einer Elektrolytprobe dauert ca. 5 min, die Erfassungsgrenze liegt bei etwa 0,1 mg/l Saccharin. Die Unsicherheit bei der Analysenauswertung beträgt etwa 1% vom Meßwert. Die im Rahmen dieser Arbeit durchgeführten Untersuchungen waren nur möglich, da mit Hilfe dieser schnellen und genauen Analysenmethode etwa 5000 Analysenwerte gewonnen und zu den Schichteigenschaften in Bezug gesetzt werden konnten.

4.3 Prüfung der mechanischen Schichteigenschaften

Um die laufenden Konzentrationsänderungen der organischen Elektrolytbestandteile den resultierenden mechanischen Schichteigenschaften zuordnen zu können, mußten die zu prüfenden Nickelschichten in möglichst kleinen Abscheideintervallen hergestellt werden. Das Abarbeiten des Elektrolyten erfolgte in Intervallen von 4 Ah. Bei einem Elektrolytvolumen von 3 l entspricht dies einem Durchsatz von 4/3 Ah/l. Die so abgeschiedenen Nickelfolien dienten zur Prüfung der mechanischen Eigenschaften wie Zugversuch, hydraulischer Wölbungstest und Härteprüfung. Die mittlere Schichtdicke der Nickelfolien betrug dabei 40 µm. Bei diesen dünnen Schichten müssen zur Messung der Werkstoffeigenschaften spezielle Meßmethoden angewendet werden.

4.3.1 Zugprüfung

4.3.1.1 Festlegung der Prüfmethode

Aus den elektrolytisch abgeschiedenen Nickelfolien wurden Ausschnitte mit einer Mindestschichtdicke von 35 µm verwendet (Bild 3). Eine Zugprüfung solch dünner metallischer Schichten ist in den DIN-Normen nicht vorgesehen. Für die allgemeine Prüfung dünner Schichten existieren verschiedene andere Methoden /57/. Aus Gründen, die die Herstellung der Schichten betreffen und bei der Nickelabscheidung zu berücksichtigen sind, konnten auch diese Methoden nicht angewendet werden.

Muramaki und Raub untersuchten die mechanischen Eigenschaften von galvanisch abgeschiedenen dünnen Nickelfolien anhand von Zugversuchen /58/. Bei den meisten Ergebnissen trat eine hohe Streuung der Einzelwerte auf, die auf die geringe Schichtdicke (kleiner als 15 µm) zurückzuführen ist. Die Schichtdicken bei den hier beschriebenen Untersuchungen waren jedoch erheblich größer als die von Muramaki untersuchten Nickelschichten. Vorbereitende Zugversuche ergaben erwartungsgemäß geringere Streuungen der Einzelwerte, so daß der Zugversuch als vertretbare Methode angesehen werden kann. Dazu wurden die Begriffe und die allgemeinen Angaben DIN 50 145 entnommen. Die eigentliche Durchführung erfolgte in Anlehnung an DIN 50 114 und DIN 50 145 bzw. DIN 1788. Die beiden letzten Normen sehen jedoch die Prüfung an Folien und Bändern aus Aluminium und Aluminium-Knetlegierungen vor.

4.3.1.2 Probenherstellung

Die in den genannten Normen angegebenen Probenformen für eine Zugprüfung mußten so verändert werden, daß einerseits durch das Abscheideintervall die Dicke der Nickelfolien festgelegt und andererseits Breite und Länge der Zugprobe durch die Folienfläche begrenzt waren (40 mm x 9,1 mm). Durch die geringe Streufähigkeit des Nickelelektrolyten treten Schichtdickenunterschiede auf, die bei der Auswertung berücksichtigt werden mußten. Daher wurde über die ganze Fläche der Nickelfolien die Schichtdicke gemessen (Beispiel in Bild 3).

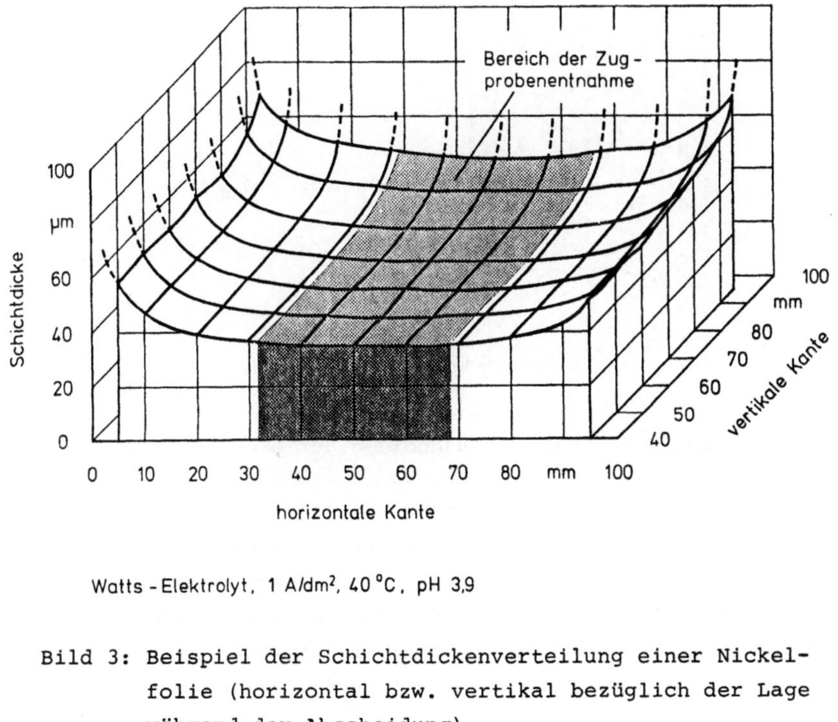

Bild 3: Beispiel der Schichtdickenverteilung einer Nickelfolie (horizontal bzw. vertikal bezüglich der Lage während der Abscheidung)

In der Mitte der Folie liegt auf einer Fläche von etwa 40 x 40 mm eine nahezu einheitliche Schichtdicke vor. Aus diesem Bereich wurden aus jeder zu prüfenden Folie 4 Streifen mit 9 mm Breite und 100 mm Länge parallel zur vertikalen Außenkante geschnitten (Bild 4).

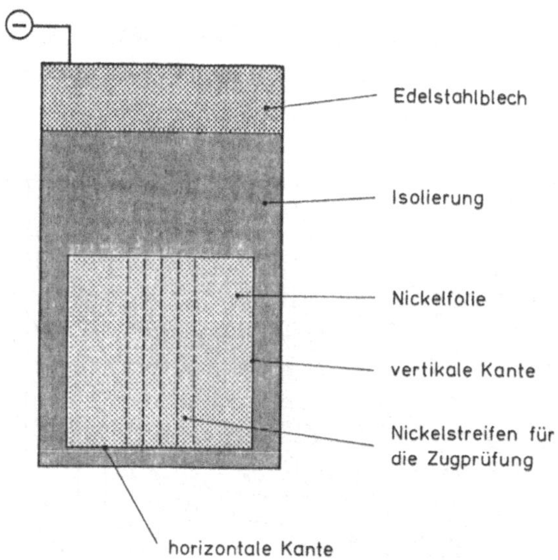

Bild 4: Kathodenblech zum Abscheiden der Nickelfolien

Die Meßlänge betrug 40 mm. Den Nickelstreifen und seine genauen Abmessungen zeigt Bild 5. Die Proben wurden mit einem Schneidgerät hergestellt, das eine glatte und nahezu kerbstellenfreie Schnittkante erzeugte. Das Konstruktionsprinzip für das Schneidgerät wurde DIN 50 154 entnommen.

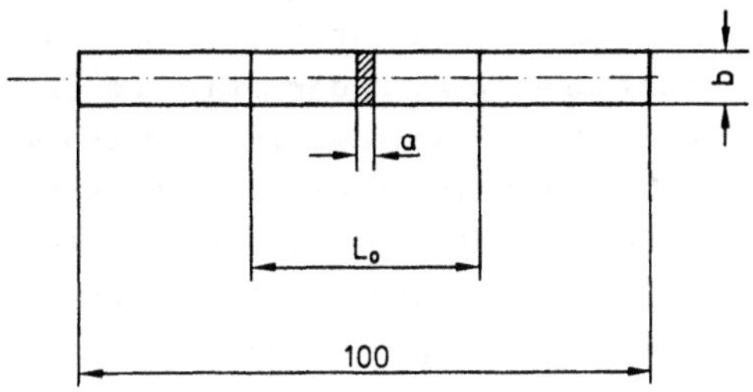

L_o = Anfangsmeßlänge = (40 ± 0,2) mm

b = Breite = (9,1 ± 0,2) mm

a = Dicke der Folie

Bild 5: Flachprobe für die Zugprüfung

4.3.1.3 Messen der Dicke, Breite und Länge der Probe

Die Schichtdicke a des Nickelstreifens wurde mit Hilfe eines opto-elektronischen Wegaufnehmers auf 1 µm genau bestimmt. Das Messen der Breite b und der Anfangsmeßlänge L_o erfolgte mit einem Profilprojektor. Die Meßunsicherheit beträgt 20 µm.

4.3.1.4 Durchführung der Zugprüfung

Die Zugprüfung der Nickelstreifen erfolgte mit einer Instron-Universalprüfmaschine (Modell 1195). Sie entspricht in ihrer Ausführung DIN 51 221, Teil 2. Die Einspanneinrichtung, das Einspannen und die Beanspruchung der Probe erfolgte in Anlehnung an DIN 50 154. Der Meßbereich für die Zugkraft betrug bei allen Versuchen 2000 N, die Zuggeschwindigkeit 2 mm/min.

4.3.1.5 Auswertung

Ermittelt wurde die Zugfestigkeit R_m. Die Auswertung der Zugfestigkeit erfolgte über das Kraft-Verlängerungs-Diagramm. Aus den erhaltenen Werten der einzelnen Streifen einer Nickelfolie wurde der arithmetische Mittelwert gebildet. Proben mit Brüchen im Bereich der Einspannung wurden bei der Auswertung nicht berücksichtigt. Als Bereich der Einspannung galt jeder Bruch, der in einem geringeren Abstand als 5 mm von der Einspannklemme entfernt auftrat. Die Meßunsicherheit bei der Ermittlung der Zugfestigkeit beträgt etwa 4%. Bei einer durchschnittlichen Zugfestigkeit von 1000 N/mm² entspricht dies 40 N/mm².

Die Bruchdehnung A als Maß für die Duktilität der Nickelschicht wurde nicht ausgewertet. Da es sich um besonders dünne Metallfolien handelt, entstehen beim Schneiden der Folien an den Kanten Mikrorisse, die durch Kerbwirkung das Ergebnis beeinflussen.

4.3.2 Messung der Duktilität

Neben der Messung der Feindehnung gibt es verschiedene Methoden zur Beurteilung des Verformungsvermögens von dünnen Metallschichten /59/. Als geeignete Methode für dünne Metallfolien hat sich der hydraulische Wölbungstest erwiesen /60/. In der von Rolff entwickelten Apparatur wird die Nickelfolie hydraulisch bis zum Bruch gewölbt, die Duktilität kann aus dem Kalottenvolumen beim Bruch errechnet werden /61/. Im Gegensatz zum Tiefungsversuch besteht keine kraftschlüssige Verbindung zwischen Probe und Stempel (Bild 6).

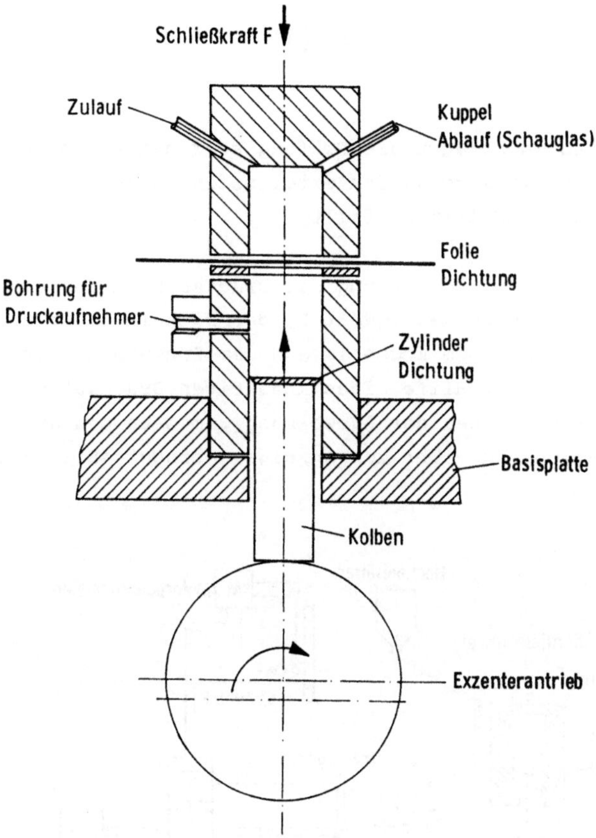

Bild 6: Schematische Darstellung des hydraulischen Wölbungstests

Das Verformungsvermögen, das sich aus dem Quadrat des Quotienten von Kalottenhöhe h und Kalottenradius r ergibt, wird im weiteren als "Duktilität nach Rolff" D bezeichnet.

$$D = \left(\frac{h}{r}\right)^2 \qquad (6)$$

Das Verfahren erlaubt die Prüfung sehr dünner Folien. Proben von 20 µm Dicke wurden erfolgreich abgeprüft. Ein Zerschneiden der Folien entfällt.

Außerdem kann durch Messung des Druckes beim Zerreißen der Folie auch die Zugfestigkeit R_m der Nickelschicht ermittelt werden, die mit dem Ergebnis aus dem Zugversuch verglichen werden kann. Mit Hilfe eines induktiven Druckaufnehmers wurde der Druck bei der Auswölbung gemessen und auf einem Kompensationsschreiber zur Anzeige gebracht (Bild 7).

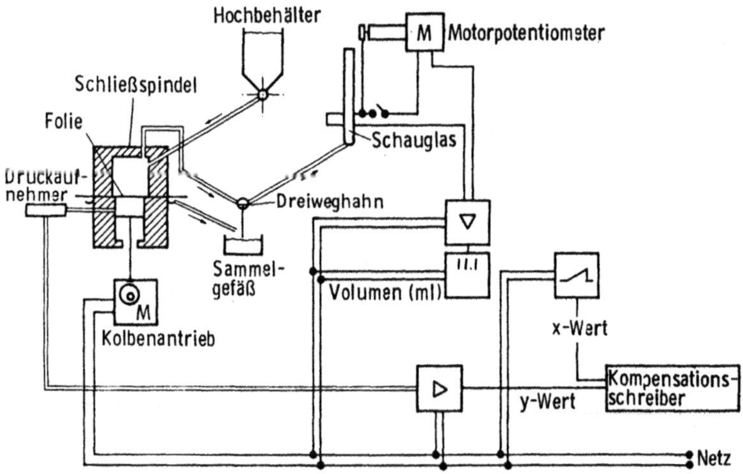

Bild 7: Meßanordnung des Wölbungstestgerätes zum Ermitteln von Duktilität und Zugfestigkeit der Nickelfolien

Das Volumen der hydraulisch geformten Kalotte wird dadurch gemessen, daß das Wasser, das sich in der Kuppel oberhalb der Schließspindel befindet, in ein Schauglas gedrückt wird. Der Meniskusstand des Wassers in dem Schauglas wird mit einer Lichtschranke verfolgt. Das Kalottenvolumen beim Bruch wird elektronisch zur Anzeige gebracht.

Nach Prater und Read ergibt sich die Zugfestigkeit R_m aus dem Druck p, dem Radius R der Kugel, aus der die Kalotte einen Ausschnitt bildet, und der Schichtdicke a beim Zerreißen der Folie /62/:

$$R_m = \frac{R \cdot p}{2a} \tag{7}$$

Die hierbei ermittelten Werte für die Zugfestigkeit stimmen sehr gut mit den aus der Zugprüfung gewonnenen Werten überein. Die Abweichungen betragen maximal 5% und müssen auf Strukturunterschiede in der Nickelschicht zurückgeführt werden, da der Wölbungstest und die Zugprüfung nicht an ein und derselben Folie durchgeführt werden können.

An Nickelfolien, die Poren enthalten, ist das Messen der Duktilität nach dieser Methode unmöglich. Porige Nickelschichten wurden aber nur bei unzureichender Rührung des Elektrolyten erhalten.

4.3.3 Härteprüfung

Die Härte der Nickelfolien wurde mit einem Kleinlasthärteprüfer (Durimet) der Firma Leitz betimmt. Aufgrund der geringen Schichtdicke ergab sich für die Vickers-Härtemessung eine maximal zulässige Prüfkraft von 0,49 N (50 p), Kurzbezeichnung: HV 0,05.

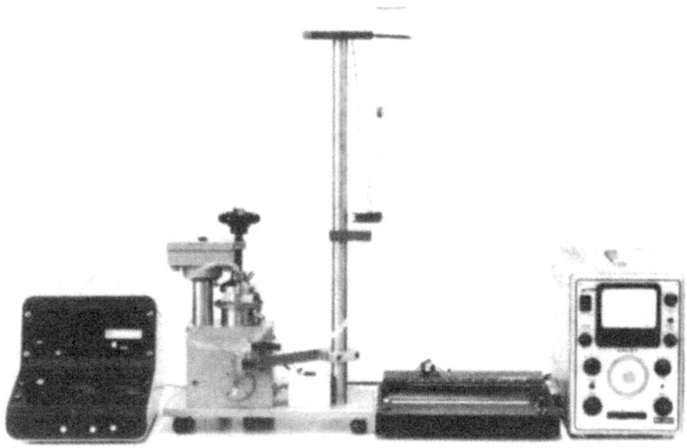

Bild 8: Aufbau des hydraulischen Wölbungstests nach Rolff

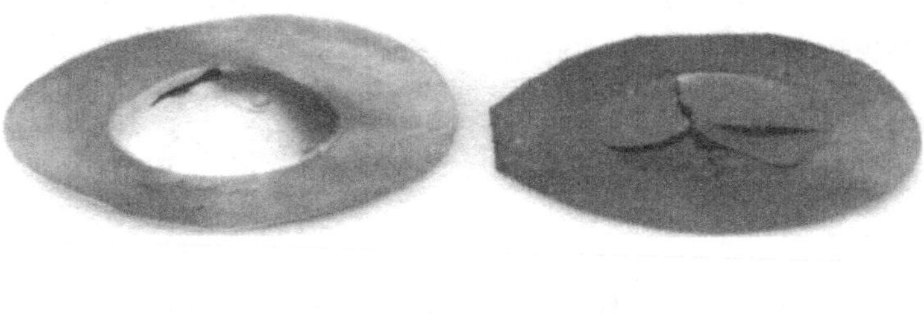

Bild 9: Hydraulisch gewölbte Nickelfolien mit unterschiedlicher Duktilität

Die Durchführung der Mikrohärteprüfung erfolgte nach ISO 4516-1980. Die Härteeindrücke wurden durchgehend auf der Unterseite der Nickelfolien vorgenommen. Der Fehler bei der Härteprüfung wird hauptsächlich durch das Ausmessen der Eindruckdiagonalen bestimmt. Er beträgt etwa 4%. Bei einem durchschnittlichen Wert von 250 HV 0,05 entspricht dies 10 Vickers-Härteeinheiten.

4.3.4 Messung der inneren Spannungen

Innere Spannungen lassen sich in drei Arten unterteilen /63/. In der überwiegenden Zahl der Fälle sind, wenn von inneren Spannungen gesprochen wird, die Spannungen 1. Art gemeint, deren Richtung innerhalb eines größeren Volumens konstant ist. Sie sind damit makroskopisch in Form von Zug- oder Druckspannungen beobachtbar. Spannungen 2. Art sind nur innerhalb kohärenter Gitterbereiche konstant und wechseln ihre Richtung von Korn zu Korn, weshalb sie sich nach außen nicht bemerkbar machen. Spannungen 3. Art sind nur noch über atomistische Bereiche nahezu konstant. Außerdem ist zwischen artfremden und arteigenen inneren Spannungen zu unterscheiden. Beim Nickel handelt es sich vorwiegend um arteigene innere Spannungen /64/.

Zur Messung der inneren Spannungen σ_{is} sind zahlreiche Methoden vorgeschlagen worden /65-69/. Die Messungen wurden mit einem von Dvorâk, Prusêk und Vrobel entwickelten Internal-Stress-Meter (IS-Meter) durchgeführt /70/. Grundlage des Meßverfahrens ist, daß bei der Abscheidung des Überzugs auf einem Band oder Draht unter dem Einfluß der inneren Spannungen im Überzug eine axiale Kraft entsteht, die das Probestück in Achsrichtung verlängert oder verkürzt. Als Kathodenmaterial wurde poliertes

Messingband verwendet. Die Längenänderung des Messingbandes beim Beschichten wurde mit einem induktiven Wegaufnehmer gemessen (Bild 10).

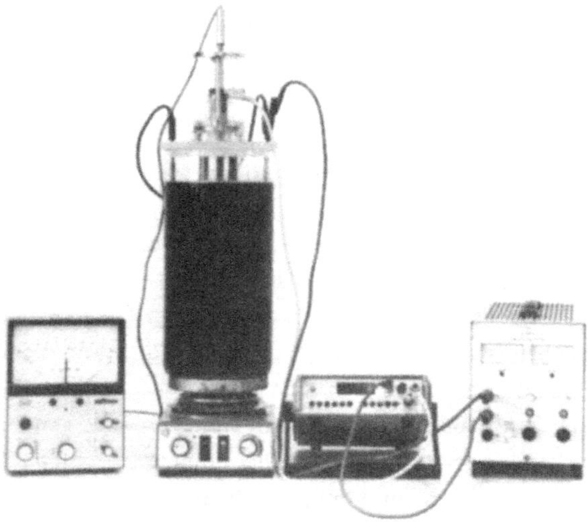

Bild 10: Versuchsanordnung zum Messen der inneren Spannungen

Der Durchsatz für eine Messung betrug maximal 0,05 Ah/l. Es wurde unter den verschiedenen Elektrolysebedingungen die Konzentrationsabhängigkeit der inneren Spannungen durch Aufstocken des Saccharingehaltes ermittelt. Aufgrund des geringen Durchsatzes wurde der Einfluß der Zersetzungsprodukte nicht erfaßt. Beim Abarbeiten der Nickelelektrolyte wurden nach jeder zweiten abgeschiedenen Folie die inneren Spannungen unter den gleichen Elektrolysebedingungen gemessen.

4.4 Die spannungsvermindernde Wirkung des Saccharins

Um das Nickel mit Druckspannungen abzuscheiden, wurde unter den verschiedenen Elektrolysebedingungen die konzentrationsabhängige Wirkung des Saccharins auf die inneren Spannungen ermittelt. Bild 11 zeigt die Abhängigkeit der inneren Spannungen von der Saccharinkonzentration c bei verschiedenen Stromdichten i.

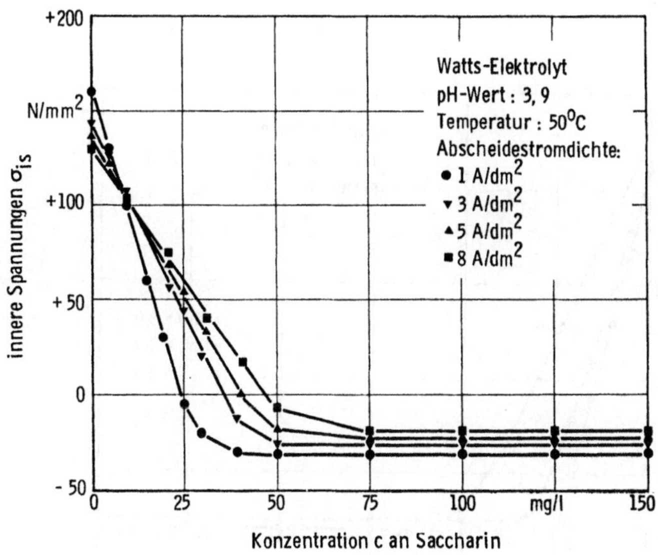

Bild 11: Abhängigkeit der inneren Spannungen von der Saccharinkonzentration bei verschiedenen Stromdichten

Mit zunehmender Stromdichte verringern sich die Zugspannungen des zusatzfreien Nickelelektrolyten, zum Erzielen von Druckspannungen werden höhere Saccharinkonzentrationen benötigt. Bei höheren Saccharingehalten stellen sich konstante Werte für die Druckspannungen ein. Dieses "Druckspannungsplateau" ist von der Stromdichte abhängig, wobei mit zunehmender Stromdichte die Druckspannungen geringer werden. Bei einer Abscheidestromdichte von 1 A/dm^2 betragen die Druckspannungen 35 N/mm^2, bei 8 A/dm^2 dagegen nur 20 N/mm^2.

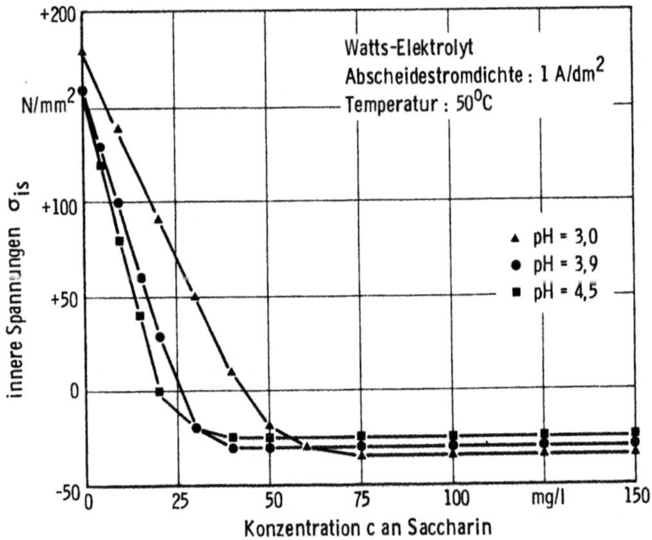

Bild 12: Abhängigkeit der inneren Spannungen von der Saccharinkonzentration bei verschiedenen pH-Werten

Der pH-Wert des Elektrolyten hat ebenfalls einen Einfluß auf die spannungsvermindernde Wirkung des Saccharins. Bei Erniedrigung des pH-Wertes werden höhere Saccharinkonzentrationen zur Senkung der inneren Spannungen des Nickels benötigt (Bild 12). Ab einer gewissen Saccharinkonzentration stellen sich wieder konstante Druckspannungen ein (Druckspannungsplateau). Durch höhere pH-Werte ergeben sich geringere Werte für die Druckspannungen. Bei einem pH-Wert von 4,5 betragen die Druckspannungen 25 N/mm^2.

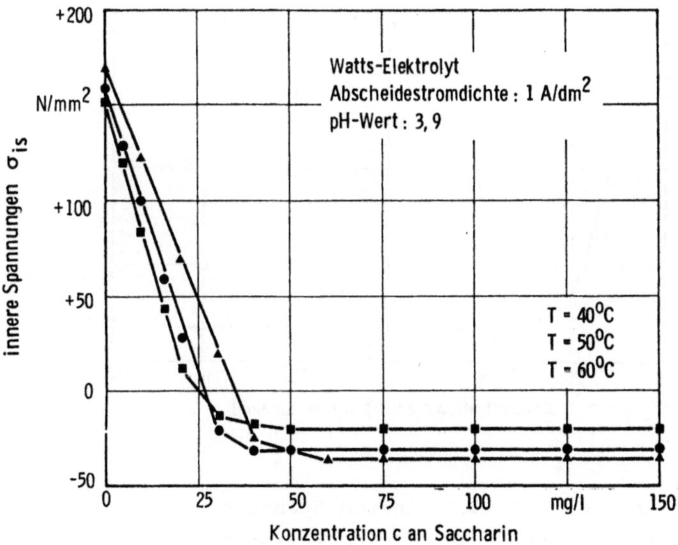

Bild 13: Abhängigkeit der inneren Spannungen von der Saccharinkonzentration bei verschiedenen Elektrolyttemperaturen

Durch Variation der Elektrolyttemperatur läßt sich das Druckspannungsplateau verschieben, mit zunehmender Temperatur werden die Druckspannungen kleiner. Bei 60°C wird das Nickel mit Druckspannungen von 20 N/mm² abgeschieden (Bild 13).

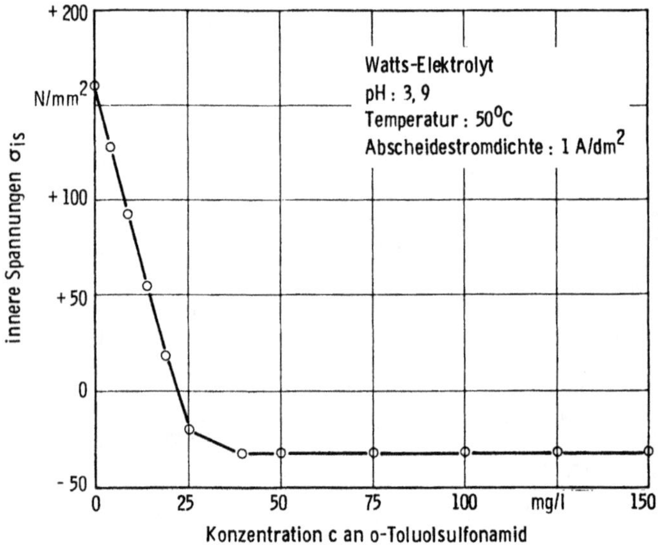

Bild 14: Abhängigkeit der inneren Spannungen von der Konzentration an o-Toluolsulfonamid

Von den beiden Zersetzungsprodukten zeigt Benzamid keine spannungsvermindernde Wirkung. Dies ist dadurch erklärlich, daß Benzamid kein Schwefelatom im Molekül enthält. Dagegen wirkt das o-Toluolsulfonamid als schwefelhaltige

Substanz ebenfalls spannungsvermindernd. Es zeigt in etwa die gleiche konzentrationsabhängige Wirkung auf die inneren Spannungen wie das Saccharin (Bild 14).

4.5 Untersuchung des Tensideinflusses

Die Abscheidung des Nickels aus einem tensidfreien Watts-Elektrolyten ergab keine brauchbaren Nickelfolien. Sie wiesen in starkem Maße Poren und Grübchen auf. Diese Poren, die aufgrund anhaftender Wasserstoffbläschen entstehen, sind sowohl in der Praxis als auch bei der Zugprüfung und Messung der Duktilität unerwünscht. Sie verfälschen wesentlich die Versuchsergebnisse. Voraussetzung für eine genaue Duktilitäts- und Zugprüfung ist eine porenfreie Nickelschicht. Diese kann nur mit Hilfe eines Tensids im Eletrolyten erhalten werden.

Es wurden folgende anionaktive Tenside untersucht:
- Diisooctylsulfobernsteinsäureester Natriumsalz der Firma Hüls
- Natriumdodecylsulfat der Firma Merck
- Sulfatiertes Addukt von Dodecylalkohol mit 10 Mol Ethylenoxid (Fettalkoholpolyethersulfat) der Firma Henkel

4.5.1 Messung der Oberflächenspannung

Tenside müssen in solchen Mengen dem Elektrolyten zudosiert werden, daß eine ausreichende Senkung der Oberflächenspannung zum Vermeiden von Wasserstoffporen gewährleistet ist. Die Gleichgewichtsoberflächenspannung wurde mit einem Tensiometer der Firma Mallinckrodt nach DIN 53 914 durchgeführt.

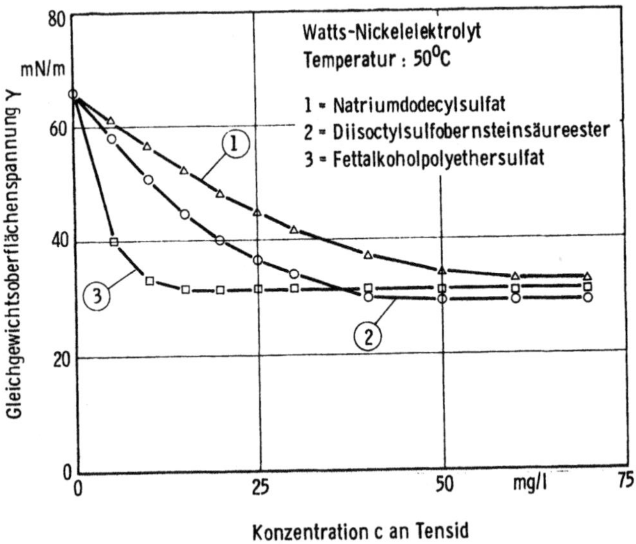

Bild 15: Gleichgewichtsoberflächenspannung in Abhängigkeit von der Konzentration verschiedener Tenside

Alle drei untersuchten Tenside senken die Oberflächenspannung ab einer Konzentration von 50 mg/l auf etwa 30 mN/m (Bild 15).

4.5.2 Tensidanalyse

Anionaktive Tenside können photometrisch mit Methylenblau bestimmt werden. Grundlage der Bestimmungsmethode ist die Bildung einer blau gefärbten Verbindung zwischen Methylenblau und dem Anion des anionaktiven Tensids im stöchiometrischen Verhältnis, das mit einem organischen Lösungsmittel extrahierbar ist /71/.

1 ml des Nickelelektrolyten wurde mit 2o ml wäßriger Methylenblaulösung (20 mg/l Methylenblau) und 20 ml Essigsäureethylester in einen Scheidetrichter gegeben- Nach Extraktion des Farbstoffkomplexes wurde die Extinktion der organischen Phase bei 650 nm bestimmt.

4.5.3 Auswahl des Tensids

Die spannungsvermindernde Wirkung des Saccharins ist von den Abscheidebedingungen, wie Abscheidestromdichte, pH-Wert und Temperatur des Elektrolyten abhängig (siehe Kapitel 4.4). Um eine weitere Beeinflussung auszuschließen, sollte das zur Porenverhütung einzusetzende Tensid weder einen Einfluß auf die spannungsvermindernde Wirkung des Saccharins noch auf den Zersetzungsmechanismus haben. Außerdem sollten sich Nickelschichten mit möglichst hoher Duktilität erzielen lassen.

Während bei Zugabe des Sulfobernsteinsäureesters keine Beeinflussung der spannungsvermindernden Wirkung des Saccharins erfolgt, werden beim Fettalkoholpolyethersulfat wesentlich höhere Saccharinkonzentrationen zur Senkung der inneren Spannungen benötigt (Bild 16).

Bei Einsatz von Fettalkoholpolyethersulfat ergeben sich in Verbindung mit Saccharin sehr harte und spröde Nickelschichten, die starken Glanz aufweisen. Die Duktilität dieser Schichten beträgt nur 1%, ein Schneiden dieser Folien für den Zugversuch ist nicht möglich. Aufgrund der geringen Duktilität erscheint der Einsatz dieses Tensids für die Galvanoformung nicht geeignet. Tenside dieser Art werden vorwiegend in Glanznickelelektrolyten eingesetzt. Der besondere Einfluß dieses Tensids auf die Zersetzung des Saccharins wird in Kapitel 6.6.5 näher untersucht.

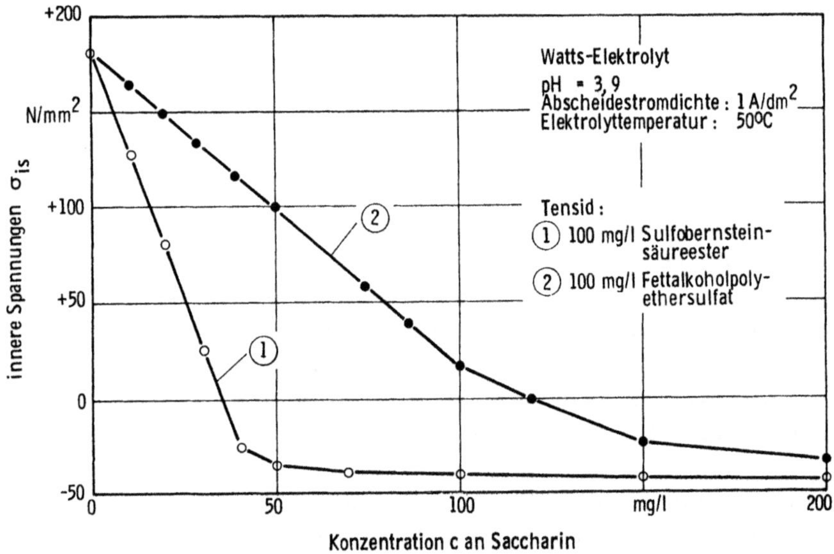

Bild 16: Einfluß von Tensiden auf die spannungsvermindernde Wirkung des Saccharins

Natriumdodecylsulfat vermag die Pittingbildung nicht zu verhindern. Außerdem zeigen sich bei Einsatz dieses Tensids Unregelmäßigkeiten bei der Saccharinzersetzung. Dies wird auch in der großen Streuung der Einzelwerte, die aus dem Zugversuch erhalten wurde, ersichtlich. Das Natriumdodecylsulfat erweist sich damit nicht als geeignetes Tensid.

Mit Hilfe des Sulfobernsteinsäureesters konnten einwandfreie Nickelschichten ohne Poren erhalten werden. Sie waren somit auch für die nachfolgende Zugprüfung geeignet. Dieses Tensid beeinflußt die Saccharinzersetzung nicht, es wird damit seinem Zweck als "Porenverhütungsmittel" am ehesten gerecht. Da es sich um ein schaumarmes Tensid handelt, ist eine zusätzliche Elektrolytbewegung durch Einblasen von Luft möglich, um auch an ungünstigen Stellen der Kathode das Anhaften von Wasserstoffblasen zu vermeiden. Die Nickelschichten sind, wenn sie Druckspannungen aufweisen, milchig hell gefärbt und zeigen keinen Glanz, bei Zugspannungen sind sie dunkler gefärbt. Alle weiteren Untersuchungen beziehen sich somit auf den Nickelelektrolyten mit dem Sulfobernsteinsäureester als Tensid.

5 Versuchsprogramm

5.1 Konstante Versuchsbedingungen für die Nickelabscheidung

Bei allen Untersuchungen wurden die Nickelschichten aus einem Watts-Elektrolyten folgender Zusammensetzung abgeschieden:

Nickelionengehalt:	75 g/l
Chloridionengehalt:	16 g/l
Borsäuregehalt:	40 g/l

Die für den Nickelelektrolyten erforderlichen Chemikalien, Nickelsulfat ($NiSO_4 \cdot 6H_2O$, reinst), Nickelchlorid ($NiCl_2 \cdot 6H_2O$),reinst und Borsäure (H_3BO_3, p.a.), wurden mit bidestilliertem Wasser angesetzt.

Saccharin (Imid der o-Sulfobenzoesäure) ist in Wasser relativ schwer löslich. Es kommt daher meist als Natriumsalz in den Handel, das mit zwei Molekülen Wasser kristallisiert und im Gegensatz zum Imid in Wasser gut löslich ist.

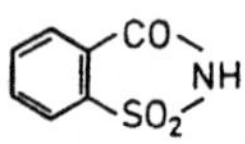

M = 183,19
o-Sulfobenzoesäureimid

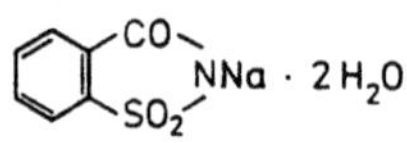

M = 241,18
Natriumsalz des o-Sulfobenzoesäureimids

Bild 17: Die zwei Handelsformen des Saccharins

Für diese Untersuchungen wurde trotzdem das Imid verwendet, um keine zusätzlichen Natriumionen in den Elektrolyten einzubringen. Alle Angaben beziehen sich somit auf das Imid.

Als Tensid wurde Diisooctylsulfobernsteinsäureester als Natriumsalz in einer Konzentration von 100 mg/l eingesetzt.

Der pH-Wert wurde elektrometrisch gemessen und auf ±0,1 pH-Einheiten konstant gehalten. Eine Korrektur wurde mit verdünnter Schwefelsäure bzw. Nickelhydroxidcarbonat durchgeführt.

Als Elektrolysebehälter diente eine Glaswanne (190 x 140 x 130 mm), die mittels eines heizbaren Magnetrührers in Verbindung mit einem Kontaktthermometer auf die gewünschte Temperatur (±0,5 °C) eingestellt wurde. Die Bewegung erfolgte mit einem Rührstab (Durchmesser 8 mm, Länge 30 mm) bei einer Drehzahl von 500 min^{-1}.

Das Elektrolytvolumen betrug bei allen Versuchen 3 Liter. Da für die Konzentrationsbestimmung der organischen Bestandteile das Volumen genau eingehalten werden mußte, wurde der Füllstand des Elektrolyten mit einem elektronischen Niveaukonstanthalter überwacht, der die Verdampfungsverluste durch Zugabe von Wasser mit Hilfe einer Dosierpumpe kompensierte (Bild 18).

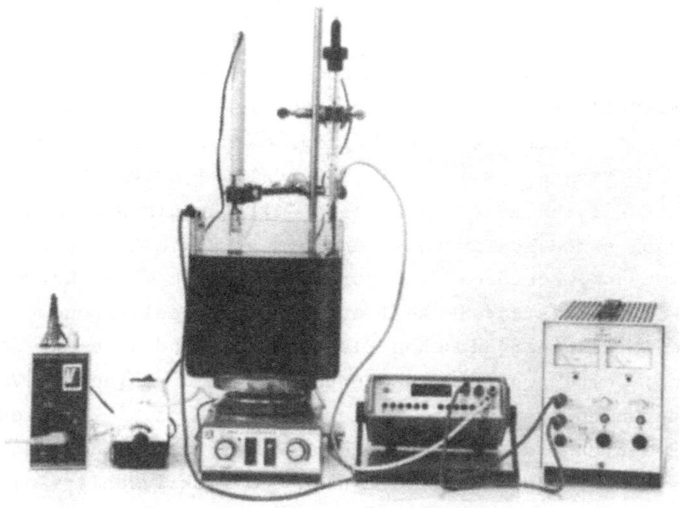

Bild 18: Versuchsaufbau zum Abscheiden der Nickelfolien

Als Anodenmaterial diente Elektrolytnickel (100 mm x 10 mm), das mit einem Anodensack aus Polypropylen umgeben war. Der Kathoden-Anoden-Abstand betrug 170 mm. Als Kathodenmaterial wurde elektropolierter Chrom-Nickel-Stahl (Werkstoff Nr. 1.4301) verwendet. Er gewährleistet einerseits eine ausreichende Haftung der Nickelschicht während der Elektrolyse, andererseits eine leichte Ablösung der Nickelfolie nach dem Abscheidevorgang. Vorversuche mit passiviertem Glanznickel als Kathodengrundmaterial brachten in beiderlei Hinsicht keine befriedigenden Ergebnisse. Das Edelstahlblech wurde mit "Wiener Kalk" entfettet und bis auf eine Fläche von 1 dm^2 (100 mm x 100 mm) mit Kunststoffklebeband isoliert (Bild 4, S. 36).

5.2 Durchführung der Nickelabscheidung

Für die Nickelabscheidung mit Saccharin als spannungsvermindernder Zusatz wurde für jede Elektrolysebedingung ein dreistufiges Versuchsprogramm durchgeführt (Tabelle 2). Nach jedem Abscheideintervall (1,33 Ah/l) wurde dem Elektrolyten eine Probe (ca. 1 ml) für die Untersuchung der organischen Bestandteile entnommen, sowie der pH-Wert bestimmt und gegebenenfalls korrigiert. Nach einem Durchsatz von jeweils ca. 10 Ah/l erfolgte die analytische Kontrolle der anorganischen Elektrolytbestandteile und des Tensids. Der durch die Probenentnahme und durch andere Volumenveränderungen entstandene Fehler liegt bei ca. $\pm$ 1%. Dieser ist ohne Bedeutung, da er noch innerhalb der Analysengenauigkeit liegt. Es wurde grundsätzlich nach jeder Aktivkohlereinigung eine umfassende Untersuchung aller Elektrolytbestandteile durchgeführt.

Für die Abscheideparameter wurden folgende Arbeitsbedingungen festgelegt.

Elektrolyttemperatur:	50 °C
Abscheidestromdichte:	1 A/dm^2
pH-Wert:	3,9

ARBEITSSCHRITT	ERGEBNISSE
Abarbeiten eines neuangesetzten Elektrolyten mit 100 mg/l Saccharin bis zu einer Konzentration von ca. 50 mg/l Saccharin.	Kap. 6.1
Nachdosieren von Saccharin auf 100 mg/l und erneutes Abarbeiten des Elektrolyten bis zu einer Konzentration von ca. 20 mg/l Saccharin.	Kap. 6.3
Aktivkohlereinigung zur Entfernung aller organischen Bestandteile. Neudosierung von Saccharin auf 100 mg/l und Abarbeiten des Elektrolyten bis zu einer Konzentration von ca. 20 mg/l Saccharin.	Kap. 6.4

Tabelle 2: Versuchsprogramm für die Nickelabscheidung

5.3 Versuchsbedingungen für die Nickelabscheidung

Parameter der elektrolytischen Nickelabscheidung, die varriert worden sind, waren Stromdichte, Temperatur und pH-Wert des Elektrolyten. Ausgehend von den Standardbedingungen wurden von den drei Abscheideparametern jeweils zwei konstant gehalten und nur eine Versuchsbedingung variiert. Die einzelnen Versuchsbedingungen sind in Tabelle 3 zusammengestellt.

KONSTANT GEHALTENE VERSUCHSBEDINGUNGEN	VARIIERTE VERSUCHSBEDINGUNGEN
Temperatur: $50^{o}C$ pH-Wert: 3,9	Stromdichte: 1 A/dm^2 3 A/dm^2 5 A/dm^2 8 A/dm^2
Stromdichte: 1 A/dm^2 pH-Wert: 3,9	Temperatur: $40^{o}C$ $50^{o}C$ $60^{o}C$
Stromdichte: 1 A/dm^2 Temperatur: $50^{o}C$	pH-Wert: 3,0 3,9 4,5

Tabelle 3: Abscheideparameter

5.4 Aktivkohlereinigung

Die Aktivkohlereinigung wurde zur Entfernung aller organischen Bestandteile, insbesondere der sich gebildeten Zersetzungsprodukte, durchgeführt.

Die Aktivkohle (Granulat mit einer BET-Oberfläche von 1300 m^2/g) weist herstellungsbedingt Verunreinigungen (Salze, organische Verbindungen) auf. Um einen möglichen Einfluß dieser Stoffe bei der Elektrolyse auszuschließen, wurde die Aktivkohle durch mehrstündiges Spülen mit entsalztem und anschließend mit bidestilliertem Wasser gewaschen. Der Reinigungsprozeß wurde durch Messen der elektrischen Leitfähigkeit des Spülwassers verfolgt. Die gewaschene Aktivkohle wurde in ausreichenden Mengen dem Elektrolyten direkt zugesetzt und mit einem mechanischen Rührer verteilt. Mit Hilfe der Hochleistugs-Flüssigkeitschromatographie und der Tensidanalyse wurde der Elektrolyt auf Reste der organischen Bestandteile untersucht. Erst wenn diese vollständig entfernt waren, erfolgte die Abtrennung der Aktivkohle vom Elektrolyten. Dieser wurde durch Weißbandfilter mit Hilfe einer Nutsche abfiltriert. Zusätzlich wurde der Elektrolyt mit einem Glasfiltertiegel G4 (Porenweite 8µm) gereinigt, danach auf sein Ausgangsvolumen eingedampft. Anschließend wurde eine Analyse der anorganischen Bestandteile durchgeführt. Abweichungen von der Grundzusammensetzung (maximal 4%), die durch den Spülvorgang beim Abfiltrieren der Aktivkohle entstanden, wurden korrigiert. Schließlich erfolgte nach Neudosierung von Saccharin und Tensid das erneute Abarbeiten des Nickelelektrolyten.

6 Versuchsergebnisse

Die Zersetzung des Saccharins läßt sich durch drei charakteristische Größen beschreiben:

- der ladungsbezogenen Massenumsatz des Saccharins in mg/Ah
- das molare Verhältnis des zersetzten Saccharins zu o-Toluolsulfonamid X_T
- das molare Verhältnis des zersetzten Saccharins zu Benzamid X_B

Es wird hier nicht, wie bei elektrochemischen Prozessen üblich, der Stoffumsatz K in der Einheit mol/cm²s angegeben, da in der Praxis die Verbrauchswerte von organischen

Zusätzen in Abhängigkeit vom Durchsatz angegeben werden. Auf der einen Seite wird der Stoffumsatz pro Zeiteinheit auf die Elektrodenfläche bezogen, auf der anderen Seite wird der Massenumsatz in Abhängigkeit vom Durchsatz angegeben. Bei einer Konzentrationsänderung Δc (in mg/l) eines Stoffes nach einem Durchsatz q_V (in Ah/l) ergibt sich der ladungsbezogenen Massenumsatz J zu:

$$J = \frac{\Delta c}{q_v} \left[mg/Ah \right] \qquad (8)$$

Beide Einheiten lassen sich unter Berücksichtigung der Stromdichte i und der Molmasse M ineinander überführen:

$$J \left[mg/Ah \right] = \frac{M}{i} \cdot K \cdot 3{,}6 \cdot 10^{-8} \left[mol/cm^2 \cdot s \right] \qquad (9)$$

X_T und X_B errechnen sich zu:

$$X_T = \frac{\Delta C_T}{\Delta C_S} \cdot \frac{M_S}{M_T} \qquad (10)$$

$$X_B = \frac{\Delta C_B}{\Delta C_S} \cdot \frac{M_S}{M_B} \qquad (11)$$

wobei: Δc_S = umgesetzte Masse an Saccharin in mg
Δc_T = gebildete Masse an o-Toluolsulfonamid in mg
Δc_B = gebildete Masse an Benzamid in mg
M_S = Molmasse von Saccharin
M_T = Molmasse von o-Toluolsulfonamid
M_B = Molmasse von Benzamid

6.1 Abarbeiten eines Neuansatzes

In Bild 19 ist aufgezeigt, wie sich das Saccharin mit einer Anfangskonzentration von 100 mg/l unter den Standardbedingungen in Abhängigkeit vom Durchsatz abbaut. Beim Abarbeiten eines saccharinhaltigen Elektrolyten lassen sich dabei verschiedene Arbeitsbereiche charakterisieren. Im Arbeitsbereich A verbraucht sich das Saccharin konstant mit 3,6 mg/Ah bis zu einem Durchsatz von 16 Ah/l (entsprechend einem Saccharingehalt von 40 mg/l). Solange der ladungsbezogene Massenumsatz J des Saccharins konstant ist, steigt auch die Konzentration der Zersetzungsprodukte konstant an. Das molare Zersetzungsverhältnis beträgt beim o-Toluolsulfonamid 0,62 und beim Benzamid 0,32. Es wird also, wie auch bei allen anderen Versuchen, im Verhältnis mehr o-Toluolsulfonamid als Benzamid gebildet.

Ab einem Gehalt von etwa 40 mg/l Saccharin erfolgt der Abbau des Saccharins langsamer. Entsprechend verringert sich die Zunahme an o-Toluolsulfonamid im Elektrolyten, das molare Zersetzungsverhältnis beträgt aber weiterhin 0,62. Dagegen nimmt die Konzentration an Benzamid nicht weiter zu, sondern bleibt fast konstant und nimmt schließlich geringfügig mit dem Durchsatz ab. Die Konzentration an o-Toluolsulfonamid nimmt auch bei sehr geringen Saccharinkonzentrationen weiter zu. Hier sind drei Arbeitsbereiche mit B, C und D bezeichnet. Bei einem Gehalt von etwa 5 mg/l Saccharin wurde die Elektrolyse abgebrochen, da sich die Nickelschichten aufgrund der hohen Zugspannungen während der Beschichtung vom Kathodenblech abhoben.

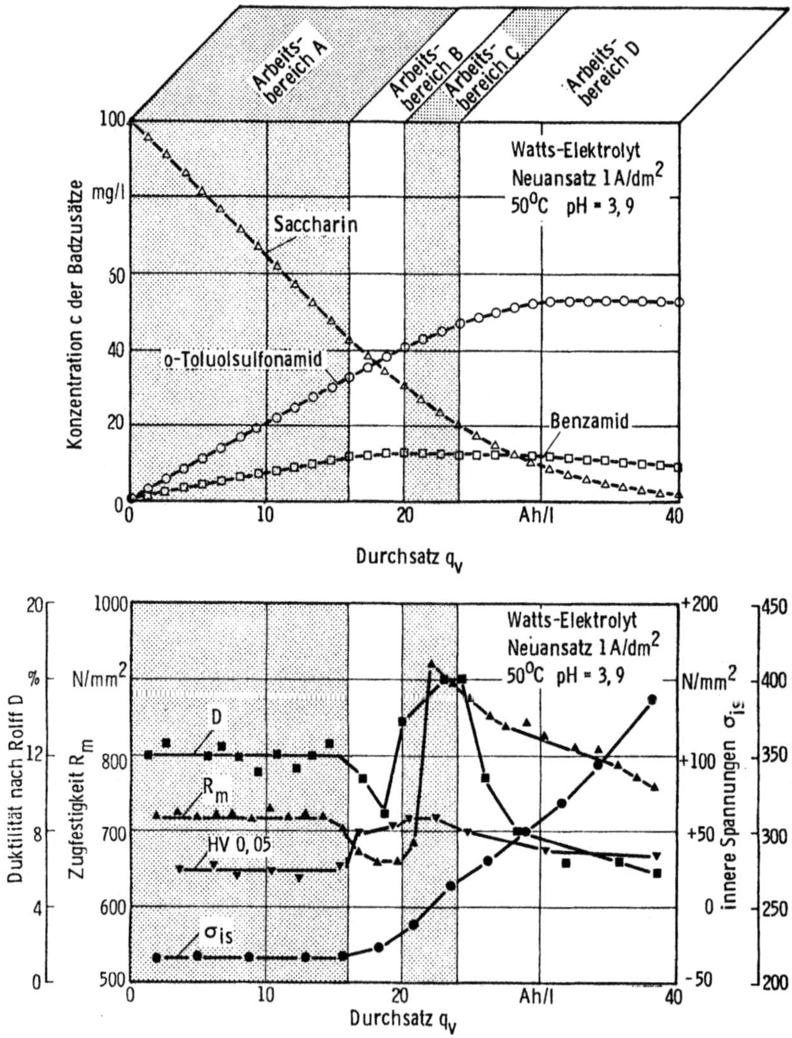

Bild 19: Konzentrationsänderungen der organischen Bestandteile und Änderungen der mechanischen Schichteigenschaften mit dem Durchsatz

Es zeigt sich ein deutlicher Einfluß der Saccharinzersetzung auf die Schichteigenschaften. Solange sich das Saccharin mit gleichbleibendem Massenumsatz abbaut und die beiden Zersetzungsprodukte sich entsprechend im Elektrolyten anreichern, bleiben auch die mechanischen Schichteigenschaften konstant. Im Arbeitsbereich A werden bis zu einem Durchsatz von 16 Ah/l die Nickelschichten mit Druckspannungen von 35 N/mm^2 abgeschieden. Dieser Wert entspricht dem im Kapitel 4.4 ermittelten Druckspannungsplateau. Die Zugfestigkeit beträgt 720 N/mm^2, die Duktilität 12% und die Härte 270 HV 0,05. Zugfestigkeit, Härte und Duktilität ändern sich, sobald der Saccharinabbau langsamer verläuft, d.h. der ladungsbezogene Massenumsatz des Saccharins abnimmt. Im Arbeitsbereich B, von wo ab keine Zunahme des Benzamidgehaltes mehr im Elektrolyten erfolgt und Saccharin langsamer reagiert, sinken die Werte für Zugfestigkeit und Duktilität. Die Härte steigt auf 310 HV 0,05, die Druckspannungen werden etwas geringer.

Im Bereich C steigen die Werte für die Zugfestigkeit und Duktilität sehr stark an. Die Zugfestigkeit erreicht einen maximalen Wert von 920 N/mm^2, und die Duktilität erreicht einen Wert von 15%. Bei diesem Elektrolytzustand werden die Nickelschichten praktisch spannungsfrei abgeschieden. Bei weiterer Elektrolyse werden die Nickelschichten mit Zugspannungen abgeschieden. Die Werte für Zugfestigkeit und Härte sinken wieder ab, sie liegen aber höher als zu Beginn der Elektrolyse, wo das Nickel Druckspannungen aufwies. Dagegen zeigen die mit Zugspannungen abgeschiedenen Nickelschichten eine geringere Duktilität als das mit Druckspannungen abgeschiedene Nickel. In diesem Arbeitsbereich D werden mit zunehmendem Durchsatz die Zugspannungen immer größer.

6.2 Einfluß der Saccharinzersetzung auf die mechanischen Eigenschaften der Nickelschicht

Die Zugabe von Saccharin zu Nickelelektrolyten erfolgt in erster Linie zum Vermindern der hohen Zugspannungen des zusatzfreien Watts-Elektrolyten. Bei einer bestimmten Saccharinkonzentration wandeln sich die Zug- in Druckspannungen um, die auch bei Erhöhung der Saccharinkonzentration konstant bleiben (siehe Kapitel 4.4). Zum Erzielen spannungsfreier Nickelschichten läßt sich kein bestimmter notwendiger Saccharingehalt angeben, vielmehr ist hierfür ein bestimmter Massenumsatz des Saccharins erforderlich. In Bild 20 ist der ladungsbezogene Massenumsatz J des Saccharins gegen die dabei resultierenden inneren Spannungen bei verschiedenen Elektrolysebedingungen aufgezeigt.

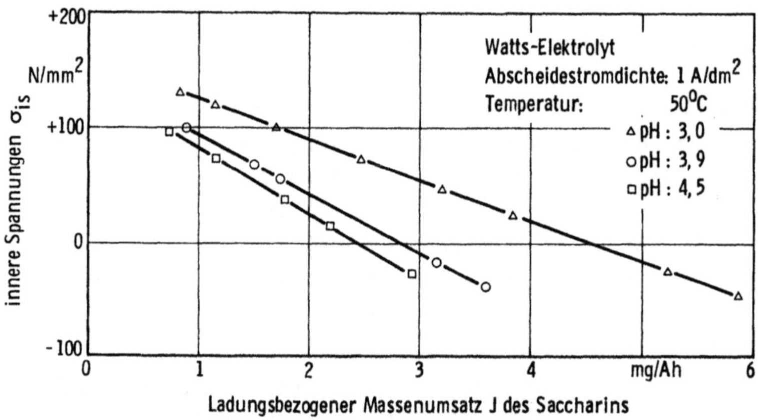

Bild 20: Zusammenhang zwischen dem ladungsbezogenen Massenumsatz J des Saccharins und den inneren Spannungen bei verschiedenen pH-Werten des Elektrolyten

Es werden eindeutig Beziehungen zwischen dem jeweilige ladungsbeogenen Massenumsatz des Saccharins und den sich einstellenden inneren Spannungen gefunden. Das o-Toluolsulfonamid wirkt allein auch spannungsvermindernd. Gegen Ende der Ekektrolyse ergeben sich trotz des hohen Gehaltes an o-Toluolsulfonamid und des sehr geringen Saccharingehaltes nahezu die hohen Zugspannungen, wie sie für den zusatzfreien Watts-Elektrolyten charakteristisch sind. Dies wird dadurch erklärlich, daß kein Massenumsatz des o-Toluolsulfonamids an der Kathode erfolgt, vielmehr wird es durch die Zersetzung des Saccharins immer weiter im Elektrolyten angereichert.

Sowohl nach anodischer als auch nach chemischer Auflösung der abgeschiedenen Nickelschichten konnte weder Saccharin noch eines der Zersetzungsprodukte in der Lösung gefunden werden. Diese Stoffe werden demnach nicht, wie bei einigen anderen organischen Stoffen, als ganzes Molekül in die Nickelschicht eingebaut /72, 73/.

Von den abgeschiedenen Nickelfolien ist durch Verbrennungsanalyse der Schwefel- und Kohlenstoffgehalt bestimmt worden. Hierzu wurden die Nickelproben im Sauerstoffstrom bei 1400°C verbrannt, wobei der Kohlenstoff zu Kohlendioxid und der Schwefel zu Schwefeldioxid oxidieren. Die gasförmigen Verbrennungsprodukte wurden in einem Infrarot-Meßsystem selektiv bestimmt.

In Bild 21 ist der Schwefel- und Kohlenstoffgehalt der Nickelschichten in Abhängigkeit vom Durchsatz dargestellt. Im Arbeitsbereich A, wo das Nickel mit konstanten Druckspannungen abgeschieden wird, werden auch konstante Schwefel- und Kohlenstoffgehalte im Nickel gefunden. Der Schwefelgehalt liegt bei 0,022%, der Kohlenstoffgehalt ist sehr niedrig und beträgt nur 0,007%.

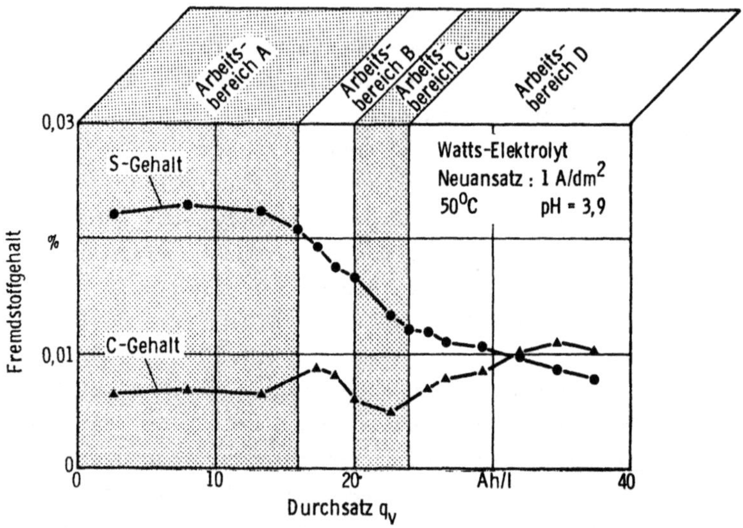

Bild 21: Änderung des Schwefel- und Kohlenstoffgehaltes mit dem Durchsatz

Mit zunehmendem Durchsatz sinkt der Schwefelgehalt in Zusammenhang mit dem abnehmenden ladungsbezogenen Massenumsatz des Saccharins. Der Kohlenstoffgehalt nimmt dagegen leicht zu. Der erhöhte Einbau von Kohlenstoff muß auf die weitere Zersetzung des Benzamids zurückgeführt werden, das sich im Arbeitsbereich B nicht mehr im molaren Zersetzungsverhältnis von 0,32 im Elektrolyten anreichert.

Beim Ändern der Abscheidebedingungen verhalten sich die Werte für die Zugfestigkeit und Duktilität gleichsinnig, d.h. bei Zunahme der Zugfestigkeit steigt auch die Duktilität. Diese Schichteigenschaften werden durch zwei unterschiedliche Einflußgrößen bestimmt. Wird das Nickel mit Druckspannungen abgeschieden, erhält man die höchsten Werte für Festigkeit und Duktilität im Arbeitsbereich A. Die Werte sinken, sobald die Konzentration an Benzamid im Elektrolyten nicht mehr zunimmt und der Kohlenstoffgehalt in der Nickelschicht ansteigt. Dieser Arbeitsbereich ist mit B bezeichnet. Bedingt durch den erhöhten Kohlenstoffgehalt steigt die Härte der Nickelschicht auf etwa 300 HV 0,05.

Beim weiteren Abarbeiten des Elektrolyten wird der Arbeitsbereich C durchlaufen, in dem die Nickelschichten mehr oder weniger spannungsfrei abgeschieden werden. Hier erreichen Zugfestigkeit, Duktilität und Härte die maximalen Werte. Der Kohlenstoffgehalt dagegen ist in diesem Arbeitsbereich am geringsten.

Anschließend im Arbeitsbereich D werden die Schichten mit Zugspannungen abgeschieden, die Werte für die Zugfestigkeit und Härte sinken wieder. Das bedeutet, daß die Zugfestigkeit zum einen durch den Fremdstoffgehalt bestimmt wird. Je geringer der Fremdstoffeinbau ist, umso höher ist die Zugfestigkeit. Nimmt der Fremdstoffeinbau dagegen zu, in diesem Fall durch die weitere Zersetzung des Benzamids, erfolgt eine Abnahme der Zugfestigkeit. Zum anderen wird die Zugfestigkeit durch den Spannungszustand des Metallgitters bestimmt, wobei spannungsfreie Schichten die höchste Zugfestigkeit haben. Ein ähnliches Verhalten zeigt sich auch bei den Werten für die Duktilität. Die höchste Duktilität der Nickelschichten erhält man im Arbeitsbereich C. Nickelschichten mit Zugspannungen sind weniger duktil als mit Druckspannungen abgeschiedenes Nickel.

6.3 Das Nachdosieren von Saccharin

Ist der Elektrolyt auf so niedrige Saccharinkonzentration abgearbeitet, daß sich Zugspannungen einstellen, kann durch Zugabe von Saccharin wieder der Druckspannungszustand erzeugt werden. Die übrigen Schichteigenschaften werden aber durch den nunmehr erhöhten Gehalt an Zersetzungsprodukten im Elektrolyten beeinflußt.

Bild 22 zeigt das Abarbeiten eines neuangesetzten Elektrolyten bis auf etwa 30 mg/l Saccharin und die anschließende Nachdosierung auf 100 mg/l Saccharin. Bei einem Saccharingehalt von 30 mg/l wird das Nickel noch mit geringen Druckspannungen abgeschieden, die übrigen mechanischen Schichteigenschaften entsprechen den Werten des Arbeitsbereiches B. Beim Nachdosieren des Saccharins auf eine Konzentration von 100 mg/l lassen sich nicht mehr die Schichteigenschaften des Arbeitsbereiches A eines neuangesetzten Elektrolyten erreichen. Der ladungsbezogene Massenumsatz des Saccharins beträgt 3,2 mg/Ah. o-Toluolsulfonamid wird weiterhin im molaren Verhältnis von 0,62, Benzamid dagegen nur noch im molaren Verhältnis von 0,23 im Elektrolyten gebildet. Es werden bis zu einem Saccharingehalt von 60 mg/l etwa die gleichen Schichteigenschaften wie beim Neuansatz im Arbeitsbereich B erhalten. In Bild 22 ist dieser Arbeitsbereich mit B′ bezeichnet. Der Arbeitsbereich C′, in dem sich die Druckspannungen in Zugspannungen umwandeln und die Zugfestigkeit ihren maximalen Wert erreicht, wird im Vergleich zum Neuansatz schon bei höheren Saccharinkonzentrationen von 40 bis 50 mg/l durchlaufen.

Wird dagegen Saccharin frühzeitig noch im Arbeitsbereich A nachdosiert, lassen sich weiterhin die Schichteigenschaften eines Neuansatzes erzielen. Änderungen der Schichteigen-

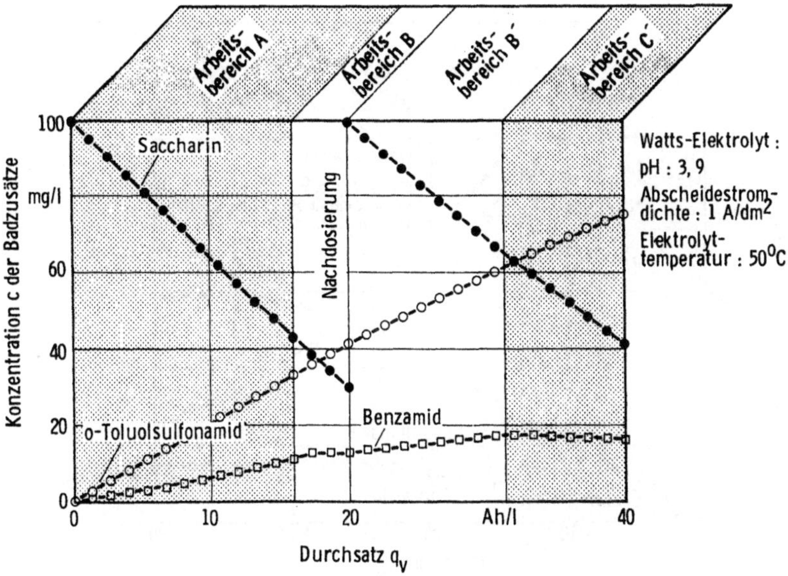

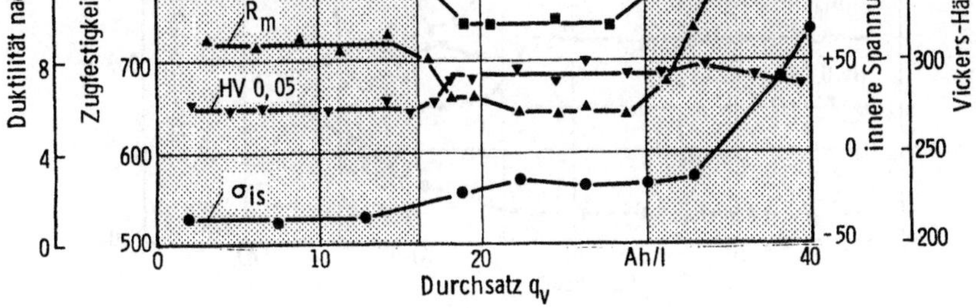

Bild 22: Abarbeiten eines Neuansatzes bis 30 mg/l Saccharin und Nachdosieren des Saccharins

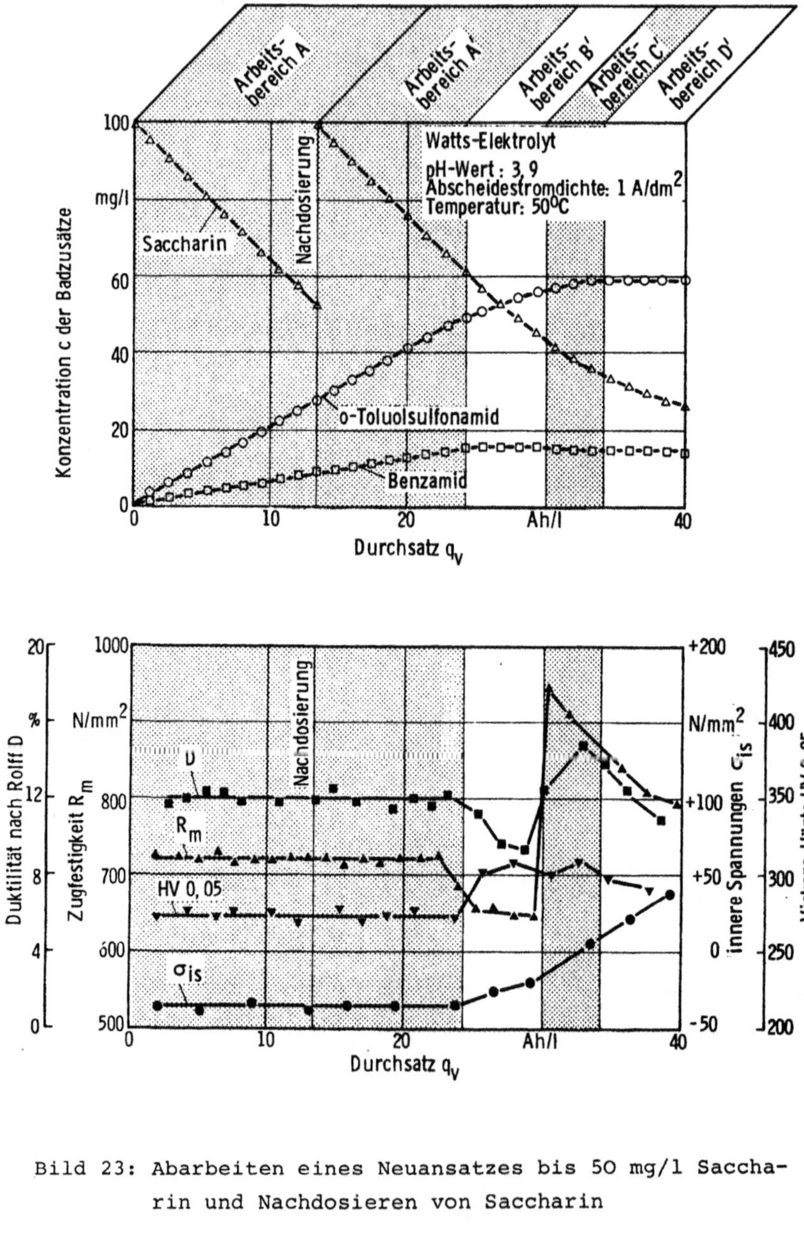

Bild 23: Abarbeiten eines Neuansatzes bis 50 mg/l Saccharin und Nachdosieren von Saccharin

schaften treten aber auch hier schon bei höherer Saccharinkonzentration ein, verbunden mit einem verringerten ladungsbezogenen Massenumsatz des Saccharins (Bild 23). Ein frühzeitiges Nachdosieren von Saccharin entspricht damit den Bedingungen beim Abarbeiten eines Neuansatzes mit entsprechend höherer Anfangskonzentration an Saccharin.

Es zeigt sich an diesem Beispiel, daß bis zu einem Durchsatz von 25 Ah/l trotz des hohen Gehaltes an Zersetzungsprodukten im Elektrolyten konstante Schichteigenschaften erzielt werden können. Bei hohem Durchsatz erweist sich die Analyse der organischen Zusätze mittels der HPLC als notwendige Methode zur Überwachung der Fertigungsbedingungen. Es ist nicht sinnvoll, Grenzwerte für den Gehalt der organischen Zusätze anzugeben, die nicht über- oder unterschritten werden dürfen, bzw. einen maximal zulässigen Durchsatz vorzuschreiben. Unter den jeweiligen Fertigungsbedingungen werden die Konzentrationsänderungen von Saccharin und den Zersetzungsprodukten während der Elektrolyse verfolgt. Solange die Werte für J, X_T und X_B sich nicht ändern, werden gleichbleibende mechanische Schichteigenschaften erzielt.

6.4 Abarbeiten eines mit Aktivkohle gereinigten Elektrolyten

Ziel dieser Untersuchung war die Aussage, inwieweit sich durch die Reinigung und die Neudosierung der organischen Zusätze wieder die ursprünglichen Schichteigenschaften erzielen lassen. Der Reinigungsprozeß mit Aktivkohle wurde mit der chromatographischen Analysenmethode quantitativ verfolgt, indem in Zeitabständen von 5 min eine Elektrolytprobe entnommen wurde.

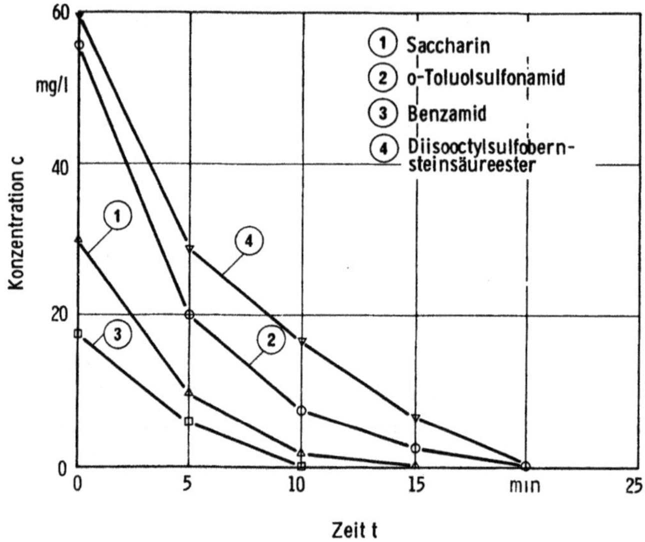

Bild 24: Analytische Überwachung der Aktivkohlereinigung

Alle organischen Stoffe einschließlich des Tensids sind vollständig entfernbar (Bild 24). Dies zeigte sich auch in der zur Kontrolle durchgeführten Messung der Oberflächenspannung des gereinigten Elektrolyten. Wird die Aktivkohle dem Elektrolyten nicht direkt zugegeben, sondern der Elektrolyt über einen Filter mit der gleichen Menge Aktivkohle im Kreislauf umgepumpt, dauert der Reinigungsvorgang erheblich länger.

Es zeigt sich dabei, daß durch Neudosierung von Saccharin und des Tensids wieder die gleichen Schichteigenschaften wie bei einem neuangesetzten Elektrolyten erhalten werden.

Das Saccharin zersetzt sich auch erwartungsgemäß im gleichen Maße wie bei einem neuangesetzten Elektrolyten.

Die in regelmäßigen Abständen notwendige Aktivkohlereinigung des Elektrolyten ist beliebig oft wiederholbar. Eine analytische Überwachung mittels der HPLC ist dabei sinnvoll. Da dieser Reinigungsvorgang eine Unterbrechung der Produktion bedeutet, soll die Dauer der Aktivkohlebehandlung so kurz wie möglich gehalten werden. Dennoch ist durch die HPLC gewährleistet, daß alle Zersetzungsprodukte aus dem Elektrolyten entfernt sind.

Bei der Wahl der Aktivkohle ist Wert auf eine gute Qualität zu legen, da minderwertige Aktivkohle bis zu 10% Fremdstoffe enthalten kann, die eine Verschlechterung der Arbeitsweise des Nickelelektrolyten bewirken /74/. Außerdem ist zu berücksichtigen, daß bei der Lagerung die Aktivkohle Verunreinigungen der Luft adsorbieren kann, die beim Reinigungsprozeß in den Elektrolyten gelangen können. Ein gründliches Vorwaschen der Aktivkohle mit Wasser hat sich hier bewährt. Der Einsatz von ungewaschener Aktivkohle zeigte sich in einem veränderten Zersetzungsmechanismus des Saccharins. Die in der Praxis beobachteten Änderungen der Schichteigenschaften können möglicherweise hierauf zurückgeführt werden (siehe /34/). Bei Einsatz der HPLC lassen sich aufgrund der Analysenwerte frühzeitig schon während der Analyse negative Einflüsse auf die Werkstoffeigenschaften der galvanogeformten Bauteile erkennen.

6.5 Betrachtung des Zersetzungsmechanismus

Zur Klärung der Frage, warum sich beim Abarbeiten eines saccharinhaltigen Elektrolyten die beiden Zersetzungsprodukte in erheblichem Maße anreichern, ist eine nähere Untersuchung dieser Substanzen notwendig. Die Wirkung eines organischen Zusatzes bei einer elektrochemischen Reaktion läßt sich in folgende Teilschritte aufgliedern:

Transport an die Elektrodenoberfläche (a)
↓
Adsorption (und evtl. chem. Umwandlung) (b)
↓
Desorption (c)
↓
Rücktransport in die Lösung (d)

Beim Saccharin erfolgt während der Adsorption eine Zersetzung zu o-Toluolsulfonamid und Benzamid. Beide Stoffe werden nach Desorption von der Kathode in das Elektrolytinnere zurücktransportiert.

Alle organischen Moleküle gelangen durch Diffusion und Konvektion an die Elektrodenoberfläche. Diffusion ist ein molekularer Transportvorgang, der durch ein Konzentrationsgefälle, also durch Konzentrationsunterschiede in der Lösung, hervorgerufen wird. Die Konvektion stellt einen makroskopischen Transportvorgang dar, bei dem der gelöste Stoff von der hydrodynamischen Strömung mitgerissen wird. In unmittelbarer Kathodennähe hört die hydrodynamische Bewegung der Flüssigkeit relativ zur Elektrode wegen der Reibungskräfte auf. Der Stofftransport erfolgt hier nur durch Diffusion. Damit der Diffusionsvorgang überhaupt stattfinden kann, müssen in der Lösung Konzentrationsunterschiede vorhanden sein. Das Gebiet in der Nähe der Elektrode, in dem die Konzentration c_o verschieden ist von ihrem

Wert c im Innern der Lösung, nennt man Diffusionsschicht. Außerhalb der Diffusionsschicht, wo kein Konzentrationsgefälle vorhanden ist, erfolgt der Stofftransport allein durch Konvektion.

Beim Stoffumsatz der organischen Stoffe kann es sich um einen transportkontrollierten oder reaktionskontrollierten Vorgang handeln. Wenn alle Moleküle, die an die Elektrodenoberfläche gelangen, sofort umgesetzt werden, wird der Stoffumsatz durch den Antransport bestimmt. Bei diesem transportkontrollierten Vorgang läßt sich der Stoffumsatz durch Erhöhen der Konzentration im Elektrolyten oder durch Verringern der Diffusionsschichtdicke steigern. Bei höherer Konzentration der organischen Stoffe im Elektrolyten können durch Diffusion mehr Moleküle an die Elektrodenoberfläche gelangen, als tatsächlich umgesetzt werden. Ist die Konzentration der organischen Moleküle auf der Elektrodenoberfläche gleich der Konzentration im Elektrolytinneren, liegt ein reaktionskontrollierter Mechanismus vor, der Stoffumsatz ist unabhängig von der Elektrolytkonzentration und der Diffusionsschichtdicke. Daß nicht alle organischen Moleküle auf der Elektrodenoberfläche umgesetzt werden, bedeutet, daß eine Hemmung der Reaktion vorliegt.

6.5.1 Untersuchung der Einzelsubstanzen

Für einen Elektrodenprozeß, bei dem ein ungeladenes oder ein geladenes Teilchen in einem großen Überschuß indifferenter Ionen beteiligt ist, gibt die Theorie von Levich folgende Gleichung für den Reaktionsstrom K an der rotierenden Scheibenelektrode /75/:

$$K = k \cdot D^{2/3} \cdot v^{-1/6} \cdot w^{1/2} \cdot (c - c_0) \cdot 10^{-3}\ \mathrm{mol/cm^2 \cdot s} \qquad (12)$$

wobei: D' = Diffusionskoeffizient in cm^2/s
v = kinematische Viskosität in cm^2/s
w = Winkelgeschwindigkeit in rad/s
c = Konzentration im Innern der Lösung in mol/l
c_o = Konzentration auf der Elektrodenoberfläche in mol/l

k ist ein numerischer Faktor, der von Gregory und Riddiford bestimmt wurde /76/:

$$k = \frac{0{,}554}{0{,}8934 \quad 0{,}316 \cdot (D/v)^{0{,}36}} \qquad (13)$$

Im Falle eines transportkontrollierten Vorganges ist die Konzentration c_o auf der Elektrodenoberfläche gleich 0, und der Stoffumsatz ergibt sich zu:

$$K_t = k \cdot D^{2/3} \cdot v^{-1/6} \cdot w^{1/2} \cdot c \cdot 10^{-3}\ mol/cm^2 \cdot s \qquad (14)$$

Für den Diffusionskoeffizienten wurde für alle drei Substanzen ein Wert von $7{,}96 \cdot 10^{-6}$ cm^2/s eingesetzt /77/. Die kinematische Viskosität wurde mit einem Viskosimeter der Firma Haake nach DIN 53 788 bestimmt und betrug $1{,}16 \cdot 10^{-2}$ cm^2/s.

An der rotierenden Scheibenelektrode mit einer Drehzahl von 1500 min^{-1} wurde der Stoffumsatz der Einzelsubstanzen mit einer Anfangskonzentration von 100 mg/l ermittelt. Die Elektrolyttemperatur betrug jeweils 50°C, der pH-Wert 3,9.

Substanz	i in A/dm^2	J in mg/Ah	K in 10^{-10} mol/cm^2s
Saccharin	1	3,60	0,546
	3	3,60	1,638
	5	3,60	2,730
	8	3,60	4,368
o-Toluol-sulfonamid	1	3,49	0,566
	3	3,46	1,687
	5	3,44	2,792
	8	3,43	4,396
Benzamid	1	0,75	0,172
	3	0,76	0,523
	5	0,74	0,849
	8	0,75	1,376

Tabelle 4: Ladungsbezogener Massenumsatz J und Stoffumsatz K der Einzelsubstanzen an der rotierenden Scheibenelektrode mit 1500 min^{-1} bei verschiedenen Stromdichten

Bei einem transportkontrollierten Vorgang würde der Stoffumsatz K nach Gleichung 14 für die gewählten Versuchsbedingungen $33{,}8 \cdot 10^{-10}$ mol/cm^2s betragen. Die ermittelten Werte für den Stoffumsatz K liegen viel niedriger. Der Stoffumsatz für alle drei Substanzen ist demnach im untersuchten Konzentrationsbereich ein reaktionskontrollierter Vorgang.

Saccharin und o-Toluolsulfonamid zeigen das gleiche Verhalten im Stoffumsatz. Einen viel geringeren Stoffumsatz hat dagegen das Benzamid. Beim Abarbeiten eines saccharinhaltigen Elektrolyten wird aber eher das Benzamid als o-Toluolsulfonamid umgesetzt. Allen Stoffen gemeinsam ist, daß sie offensichtlich proportional der durchgesetzten elektrischen Ladung unabhängig von der Stromdichte reagieren. Deshalb ist der ladungsbezogene Massenumsatz J für jeden dieser Stoffe eine charakteristische Größe.

6.5.2 Untersuchung der Substanzgemische

Die beiden Zersetzungsprodukte o-Toluolsulfonamid und Benzamid werden, wenn sie allein im Nickelelektrolyten vorhanden sind, bei der Elektrolyse stofflich umgesetzt. Die Frage ist nun, warum sie sich beim Abarbeiten eines saccharinhaltigen Elektrolyten in erheblichem Maße im Elektrolyten anreichern, d.h. offensichtlich stofflich nicht bzw. nur sehr gering umgesetzt werden.

Hierzu wurde das Abbauverhalten verschiedener Mischungen der Substanzen bei einer Abscheidestromdichte von 1 A/dm^2 an der rotierenden Scheibenelektrode untersucht. Die einzelnen Zusatzkonzentrationen und der ermittelte ladungsbezogene Massenumsatz sind in Tabelle 5 zusammengestellt.

Beim Gemisch aus o- und p-Toluolsulfonamid sinken die einzelnen Werte für J, die Summe beider ergibt aber wieder 2,18 + 1,30 = 3,48 mg/Ah. Diese beiden Stoffe sind chemisch sehr ähnlich, offensichtlich wird das p-Toluolsulfonamid gegenüber der o-Verbindung bevorzugt umgesetzt.

Gemisch	Anfangskonzentration in mg/l	J in mg/Ah
o-Toluolsulfonamid p-Toluolsulfonamid	85 115	1,30 2,18
o-Toluolsulfonamid Benzamid	50 20	0,83 0,33
Saccharin o-Toluolsulfonamid	100 100	3,60 -2,09
Saccharin Benzamid	100 100	2,34 0,21

Tabelle 5: Ladungsbezogener Massenumsatz J der Einzelsubstanzen bei verschiedenen Gemischen

Der ladungsbezogene Massenumsatz des Saccharins läßt sich durch die Zugabe von o-Toluolsulfonamid nicht beeinflussen und beträgt 3,6 mg/Ah. Trotz des hohen Gehaltes von 100 mg/l wird durch die Zersetzung des Saccharins das o-Toluolsulfonamid weiter im molaren Verhältnis von 0,62 im Elektrolyten angereichert. o-Toluolsulfonamid beeinflußt demnach den stofflichen Umsatz des Saccharins bei der Elektrolyse nicht. Dagegen senkt das Benzamid sowohl den Massenumsatz des Saccharins als auch des o-Toluolsulfonamids, wobei der Massenumsatz des o-Toluolsulfonamids wesentlich stärker herabgesetzt wird als der des Saccharins.

6.5.3 Deutung der Ergebnisse

Um an der Kathode zu reagieren, müssen die Moleküle nach Antransport an die Elektrode adsorbiert werden. Die Adsorption organischer Stoffe kann verschieden stark sein, sie können physikalisch oder chemisorptiv an der Elektrodenoberfläche gebunden sein /78/. Aufgrund der gegenseitigen Beeinflussung des ladungsbezogenen Massenumsatzes kann man auf ein unterschiedliches Adsorptionsverhalten der Einzelsubstanzen schließen. Die Adsorptionsneigung fällt in der Reihenfolge:

Saccharin > Benzamid > o-Toluolsulfonamid

Bei einem neuangesetzten Elektrolyten (ohne o-Toluolsulfonamid und Benzamid) reagiert das Saccharin mit konstantem ladungsbezogenen Massenumsatz (reaktionskontrollierter Vorgang). Aufgrund der geringeren Adsorptionsneigung werden die sich bildenden Zersetzungsprodukte aus dem Kathodenraum durch das Saccharin verdrängt, ihre Konzentration nimmt im Elektrolytinnern konstant zu. Nach einem größeren Durchsatz wird durch den hohen Gehalt an o-Toluolsulfonamid und Benzamid und den geringen Gehalt an Saccharin die Einstellung dieses Ad/Desorptionsgleichgewichtes gestört. Entweder ist der Antransport von Saccharin oder der Abtransport von o-Toluolsulfonamid und Benzamid nicht mehr ausreichend. Die Folge ist, daß o-Toluolsulfonamid und Benzamid direkt nach ihrer Bildung an der Kathode weiter umgesetzt werden. Dies äußert sich in einem geringeren Massenumsatz des Saccharins und in einer geringeren Anreicherung der Zersetzungsprodukte im Elektrolyten (molares Zersetzungsverhältnis).

Bei der in Kapitel 6.1 durchgeführten Elektrolyse beginnt ab einer Konzentration von etwa 15 mg/l Benzamid im Elektrolyten die Koadsorption des Benzamids an der Kathode, der ladungsbezogene Massenumsatz des Saccharins wird kleiner. Entsprechend des geringeren Massenumsatzes des Saccharins wird auch weniger o-Toluolsulfonamid und Benzamid gebildet. Durch die Koadsorption des Benzamids findet eine weitere Zersetzung des Benzamids an der Kathode statt, was sich in einem geringeren molaren Zersetzungsverhältnis des Saccharins zu Benzamid und in einem erhöhten Kohlenstoffgehalt der Nickelschicht zeigt.

Bei sehr niedrigen Saccharinkonzentrationen wird der ladungsbezogene Massenumsatz des Saccharins mehr und mehr durch den Antransport bestimmt. Die Adsorption des o-Toluolsulfonamids wird aber durch das Saccharin und den nunmehr erhöhten Gehalt an Benzamid sehr stark zurückgedrängt, so daß o-Toluolsulfonamid stofflich nur sehr gering umgesetzt wird.

Hierdurch wird auch erklärlich, daß gegen Ende der Elektrolyse bei sehr niedrigem Saccharingehalt und erhöhtem Gehalt an o-Toluolsulfonamid sich nahezu die Zugspannungen des zusatzfreien Watts-Elektrolyten einstellen. Das o-Toluolsulfonamid wirkt zwar bei alleiniger Zugabe zum Elektrolyten auch spannungsvermindernd, wird aber bei Anwesenheit von Saccharin und Benzamid nicht oder nur sehr wenig an der Kathode umgesetzt. Dieses Ergebnis deckt sich auch mit den Untersuchungen von Edwards /41/.

Die Anreicherung von Zersetzungsprodukten im Elektrolyten bedeutet zwar, daß der Elektrolyt in regelmäßigen Abständen mit Aktivkohle gereinigt werden muß. Je mehr Zersetzungsprodukte aber im Elektrolyten gebildet werden, umso geringer ist der Fremdstoffgehalt in der Nickelschicht. Nach welchem

Durchsatz ein zunehmender Einbau von Kohlenstoff durch die weitere Zersetzung des Benzamids erfolgt, ist abhängig von der gewählten Anfangskonzentration an Saccharin und den Elektrolysebedingungen. Eine Prozeßüberwachung mittels der HPLC kann nur unter den jeweiligen Fertigungsbedingungen erfolgen.

6.6 Variation der Elektrolysebedingungen

Es werden grundsätzlich beim Abarbeiten saccharinhaltiger Elektrolyte die verschiedenen Arbeitsbereiche A bis D durchlaufen. Nur der Bereich A ist eindeutig reproduzierbar. Dieser Bereich A ist gekennzeichnet durch eine hohe Saccharinkonzentration und eine geringe Konzentration an Zersetzungsprodukten im Elektrolyten. In diesem Arbeitsbereich stellen sich jeweils die in Kapitel 4.4 ermittelten Druckspannungswerte ein ("Druckspannungsplateau").

Im Arbeitsbereich B nimmt die Konzentration an Benzamid nicht mehr im molaren Verhältnis von 0,32 zu. Dieser Arbeitsbereich ist mehr oder weniger stark ausgeprägt. Wünschenswert für die Galvanoformung ist das Abscheiden von spannungsfreien Nickelschichten. Der entsprechende Arbeitsbereich C wird aber in Abhängigkeit vom Durchsatz sehr schnell durchlaufen und ist stark von den jeweiligen Elektrolysebedingungen abhängig. Vergleichende Betrachtungen der Schichteigenschaften in Abhängigkeit von den Elektrolysebedingungen können nur für den Arbeitsbereich A gegeben werden.

6.6.1 Einfluß der Abscheidestromdichte

Unabhängig von der Abscheidestromdichte wird das Saccharin konstant mit 3,6 mg/Ah umgesetzt. Mit zunehmender Stromdichte verringert sich das molare Verhältnis des zersetzten Saccharins zu Benzamid (Tabelle 6)

i in A/dm^2	J in mg/Ah	X_T	X_B
1	3,6	0,62	0,32
3	3,6	0,62	0,31
5	3,6	0,62	0,29
8	3,6	0,61	0,26

Tabelle 6: Einfluß der Abscheidestromdichte auf die Saccharinzersetzung

Die mechanischen Schichteigenschaften werden durch die Abscheidestromdichte sehr stark beeinflußt (Bild 25). Die Zugfestigkeit nimmt mit steigender Stromdichte zu. Bei 1 A/dm^2 besitzt die Zugfestigkeit einen Wert von 72o N/mm^2, der bei 8 A/dm^2 auf 142o N/mm^2 ansteigt. Mit steigender Stromdichte können also höhere Festigkeitswerte erreicht werden. Die Werte für die Härte steigen ebenfalls mit zunehmender Stromdichte, dagegen nimmt die Duktilität ab, bei einer Abscheidestromdichte von 8 A/dm^2 beträgt sie nur noch 4%.

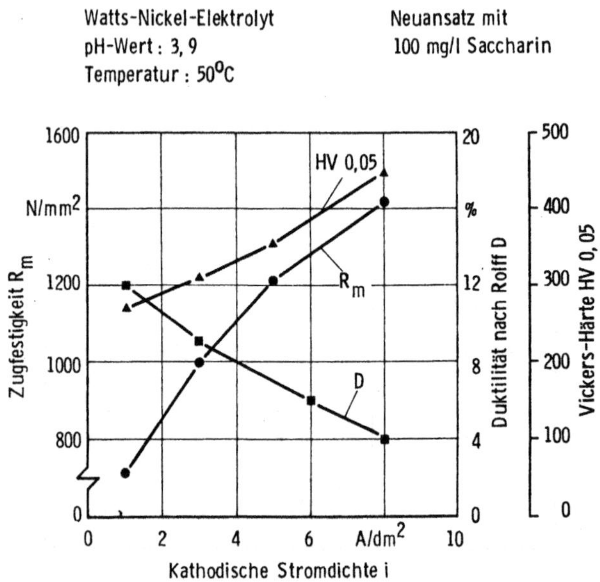

Bild 25: Mechanische Eigenschaften von Nickelschichten bei verschiedenen Abscheidestromdichten

6.6.2 Einfluß des pH-Wertes des Elektrolyten

Bei einer Abscheidestromdichte von 1 A/dm^2 und einer Elektrolyttemperatur von 50°C wurden die pH-Werte von 3,0, 3,9 und 4,5 des Elektrolyten untersucht. Mit abnehmendem pH-Wert steigt der ladungsbezogene Massenumsatz des Saccharins beträchtlich (Tabelle 7). Unabhängig vom ladungsbezogenen Massenumsatz J zersetzt sich das Saccharin etwa im gleichbleibenden molaren Verhältnis zu o-Toluolsulfonamid und Benzamid. Verbunden mit dem erhöhten ladungsbezogenen Massenumsatz des Saccharins bei niedrigen pH-Werten steigen die Werte für Zugfestigkeit und Härte an, während die Duktilität abnimmt (Bild 26).

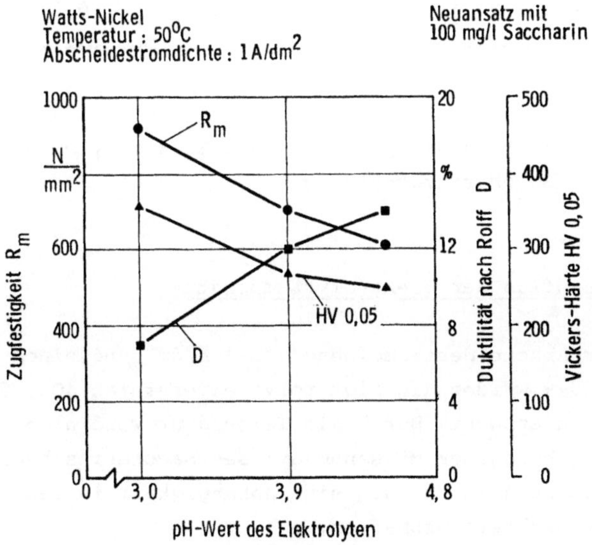

Bild 26: Mechanische Eigenschaften von Nickelschichten bei verschiedenen pH-Werten

pH-Wert des Elektrolyten	J in in mg/Ah	X_T	X_B
3,0	5,9	0,61	0,29
3,9	3,6	0,62	0,32
4,5	2,9	0,62	0,31

Tabelle 7: Einfluß des pH-Wertes des Elektrolyten auf die Saccharinzersetzung

6.6.3 Einfluß der Elektrolyttemperatur

Bei einer Abscheidestromdichte von 1 A/dm^2 und einem pH-Wert von 3,9 wurden die Elektrolyttemperaturen 40°, 50° und 60^oC untersucht. Durch die Temperatur wird nicht nur der ladungsbezogenen Massenumsatz des Saccharins beeinflußt, sondern es zeigt sich auch eine Abhängigkeit in den mechanischen Schichteigenschaften.

Elektrolyt-temperatur	J in mg/Ah	X_T	X_B
40^oC	3,8	0,62	0,33
50^oC	3,6	0,62	0,32
60^oC	3,5	0,63	0,31

Tabelle 8: Einfluß der Elektrolyttemperatur auf die Saccharinzersetzung

Mit abnehmender Elektrolyttemperatur steigt der ladungsbezogene Massenumsatz des Saccharins an, verbunden damit ist eine Zunahme der Zugfestigkeit und Härte, die Duktilität nimmt dagegen ab (Bild 27). Bei 60°C Elektrolyttemperatur wird das Nickel mit einer Duktilität von 16% abgeschieden. Unabhängig von der Elektrolyttemperatur bleibt der molare Anteil an Zersetzungsprodukten in etwa konstant (Tabelle 8).

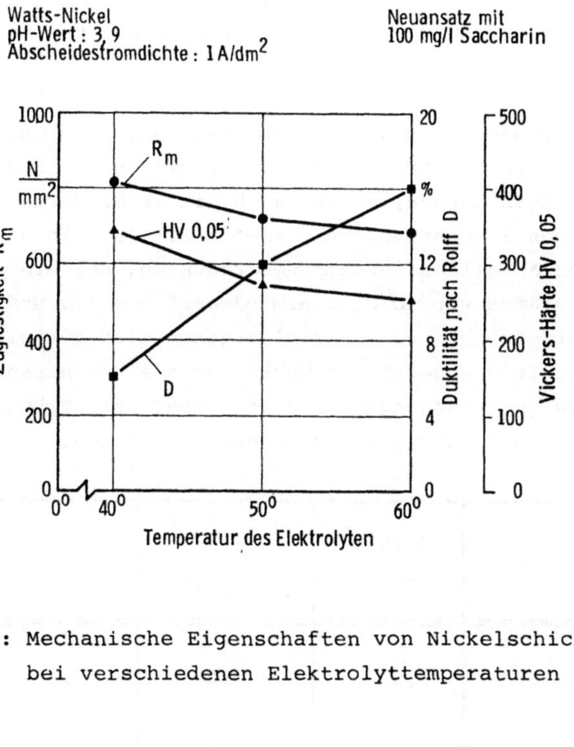

Bild 27: Mechanische Eigenschaften von Nickelschichten bei verschiedenen Elektrolyttemperaturen

6.6.4 Einfluß der Elektrolytbewegung

Eine Elektrolytbewegung durch Einblasen von Luft oder eine Werkstückbewegung ist bei der Nickelabscheidung immer notwendig zum vollständigen Verhindern von Porenbildung. Es ergibt sich für jede Elektrolysebedingung ein maximaler ladungsbezogner Massenumsatz des Saccharins, der sich durch Erhöhen der Konvektion nicht steigern läßt (reaktionskontrollierter Vorgang). Unter diesen Bedingungen erhält man auch die maximale Anreicherung an Zersetzungsprodukten im Elektrolyten.

Bei sehr geringer oder gar keiner Bewegung, d.h. unter ungünstigen Konvektionsbedingungen, wie sie in der Praxis nicht auftreten können, ergibt sich ein verminderter Massenumsatz des Saccharins. Verbunden damit ist ein geringerer molarer Anteil an Zersetzungsprodukten. Bei einer Elektrolyttemperatur von 50°C, einem pH-Wert von 3,9 und einer Abscheidestromdichte von 1 A/dm^2 ergeben sich beispielhaft die in Tabelle 9 angegebenen Werte für die Saccharinzersetzung. Beide Untersuchungen sind mit einer Anfangskonzentration von 100 mg/l Saccharin durchgeführt worden.

Bewegung	J in mg/Ah	X_T	X_B
mechanische Rührung	3,6	0,62	0,32
ohne Rührung	3,4	0,61	0,26

Tabelle 9: Die Zersetzung des Saccharins bei unterschiedlicher Bewegung

Während sich mit Rührung die mechanischen Schichteigenschaften des Arbeitsbereiches A ergeben, erhält man beim Abscheiden ohne Rührung in etwa die Schichteigenschaften, die für den Arbeitsbereich B charakteristisch sind. Dieses Ergebnis ist aufgrund der Untersuchungen in Kapitel 6.5 verständlich. Bei unzureichender Bewegung kann sich das Ad/Desorptionsgleichgewicht der organischen Stoffe nicht mehr einstellen. Das gebildete Benzamid wird dabei vor der Desorption an der Kathode weiter umgesetzt. Dieses zeigt sich auch in einem erhöhten Kohlenstoffgehalt der Nickelschicht. Bei dem unter Rührung abgeschiedenen Nickel liegt der Kohlenstoffgehalt bei 0,007%, das ohne Rührung abgeschiedene Nickel hat dagegen einen erhöhten Kohlenstoffgehalt von 0,018%. Die Schwefelgehalte liegen bei beiden Nickelschichten in etwa gleich und betragen 0,022% bzw. 0,020%.

6.6.5 Einfluß des Tensids

Der Wahl eines geeigneten Tensids kommt im Bereich der Galvanoformung besondere Bedeutung zu. In Verbindung mit Saccharin lassen sich die Schichteigenschaften durch verschiedene Tenside erheblich beeinflussen. Im Vergleich zum eingesetzten Tensid Diisooctylsulfobernsteinsäureester zeigt das Fettalkoholpolyethersulfat einen Einfluß auf den Zersetzungsmechanismus und auch auf die spannungsvermindernde Wirkung des Saccharins (Kapitel 4.5.3). Obwohl nichtionogene Tenside im allgemeinen in Watts-Elektrolyten nicht eingesetzt werden /46/, wurde hier zusätzlich Polyethylenglykol mit einem Molekulargewicht von 1500 untersucht.

Die Galvanisierbedingungen wurden dabei nicht variiert und wie folgt festgelegt:

Stromdichte:	1 A/dm^2
Elektrolyttemperatur	50^oC
pH-Wert:	3,9
Anfangskonzentration an Saccharin:	200 mg/l
Konzentration an Tensid:	100 mg/l

Tabelle 10 zeigt den ladungsbezogenen Massenumsatz des Saccharins und das molare Verhältnis der sich bildenden Zersetzungsprodukte in Abhängigkeit vom Tensidtyp.

Tensid	J in mg/Ah	X_T	X_B
ohne	3,6	0,63	0,32
Sulfobernsteinsäureester	3,6	0,62	0,32
Fettalkoholpolyethersulfat	9,8	0,62	0,15
Polyethylenglykol	19,7	0,62	0,07

Tabelle 10: Ladungsbezogener Massenumsatz J des Saccharins und molares Verhältnis des zersetzten Saccharins zu o-Toluolsulfonamid und Benzamid bei Zugabe verschiedener Tenside

Manche Tenside, wie der Sulfobernsteinsäureester, haben keinen Einfluß auf die Zersetzung des Saccharins. Durch das Fettalkoholpolyethersulfat verbraucht sich das Saccharin mit 9,8 mg/Ah. Bei Einsatz von Polyethylenglykol ist der ladungsbezogene Massenumsatz des Saccharins mehr als fünfmal so groß als ohne den Einsatz eines Tensids und beträgt 19,7 mg/Ah.

Unabhängig von der Art des Tensids wird dabei wieder eine lineare Beziehung zwischen dem ladungsbezogenen Massenumsatz des Saccharins und den inneren Spannungen gefunden (Bild 27).

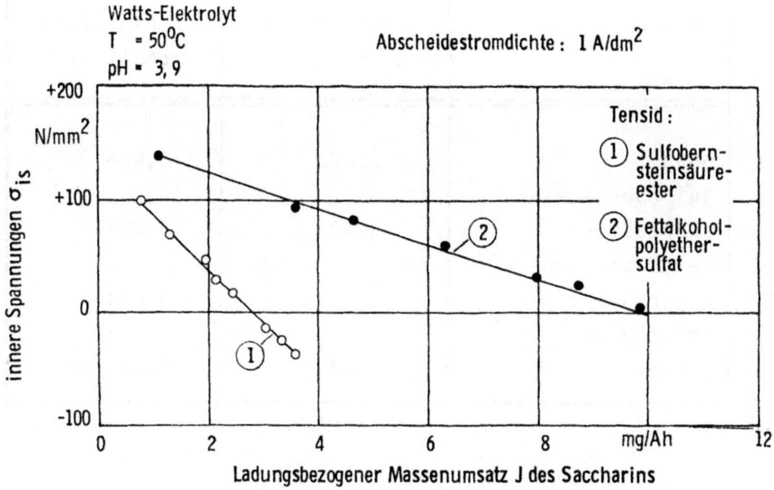

Bild 27: Zusammenhang zwischen dem ladungsbezogenen Massenumsatz des Saccharins und den inneren Spannungen bei Zugabe verschiedener Tenside

Unabhängig vom jeweiligen Massenumsatz bildet sich aus 1 Mol Saccharin etwa 0,62 Mol o-Toluolsulfonamid. Dagegen ist der Anteil des sich bildenden Benzamids sehr unterschiedlich. Während sich in tensidfreien Elektrolyten und bei Einsatz von Sulfobernsteinsäureester sich 1 Mol Saccharin zu 0,32 Mol Benzamid umsetzt, findet man bei Polyethylenglykol und seinen Derivaten eine viel geringere Menge. Dies ist auf eine weitere Zersetzung und Einbau in die Nickelschicht zurückzuführen. Die hierfür durchgeführten Analysen zur Bestimmung des Schwefel- und Kohlenstoffgehaltes sind in Tabelle 11 zusammengestellt.

Tensid	Schwefelgehalt in %	Kohlenstoffgehalt in %
ohne	0,022	0,008
Sulfobernsteinsäureester	0,022	0,007
Fettalkoholpolyethersulfat	0,064	0,081
Polethylenglykol	0,120	0,155

Tabelle 11: Schwefel- und Kohlenstoffgehalt von Nickelschichten aus saccharin- und tensidhaltigen Elektrolyten

Der unterschiedliche Fremdstoffgehalt beeinflußt deutlich die mechanischen Schichteigenschaften. Durch das Fettalkoholpolyethersulfat im saccharinhaltigen Watts-Elektrolyten werden die Zugfestigkeit und insbesondere die Härte der Nickelschicht gesteigert, die Duktilität ist aber nur noch sehr gering und beträgt 1%. Diese Schichten sind so spröde, daß ein Schneiden der Folien für die Zugprüfung nicht mehr möglich ist. Die Werte für die Zugfestigkeit wurden deshalb aus den Ergebnissen des hydraulischen Wölbungstests ermittelt (Tabelle 12).

Tensid	R_m in N/mm^2	Härte HV 0,05	Duktilität in %
Sulfobernsteinsäureester	715	270	12
Fettalkoholpolyethersulfat	950	550	1

Tabelle 12: Mechanische Schichteigenschaften bei Zugabe verschiedener Tenside zum saccharinhaltigen Elektrolyten

Für die Galvanoformung sind zwar die hohen Werte für die Zugfestigkeit und Härte vorteilhaft, die Sprödigkeit schließt aber den praktischen Einsatz dieser Schichten aus. Durch Polyethylenglykol wird die Härte der Nickelschichten noch weiter gesteigert und beträgt 650 HV 0,05. Diese Nickelschichten sind mechanisch so verspannt, daß schon während der Beschichtung die Schicht rissig wird. Die Nickelfolien zeigen ein deutliches Rißnetzwerk, eine Zugprüfung bzw. der hydraulische Wölbungstest ist an diesen Folien nicht mehr möglich.

6.7 Metallkundliche Untersuchungen

Die galvanische Metallabscheidung erfolgt meist weit entfernt vom thermodynamischen Gleichgewicht, deshalb entsprechen die Schichteigenschaften im allgemeinen nicht denen metallurgisch hergestellter Metalle /79/. Das Gefüge und die Struktur elektrolytisch abgeschiedener Metalle sind durch kleine Kristallgröße, vielfach Faserstruktur und relativ hohe Fremdstoffeinschlüsse bestimmt. Die Zahl der Gitterbaufehler ist um 10^4 bis 10^5 mal größer als beim aus der Schmelze gewonnenen Metall /80/. Die Härte sowie weitere mechanische Eigenschaften galvanischer Schichten entsprechen denen des kaltverfestigten Zustandes der entsprechenden Reinmetalle.

In Nickelschichten aus einem Watts-Elektrolyten abgeschieden können Fremdstoffe wie Wasserstoff, Sauerstoff, Schwefel, Kohlenstoff und Chlor auftreten /81/. Dabei ist das an der Kathode gebildete Nickelhydroxid für den Einbau dieser Verunreinigungen verantwortlich /82/. Durch den Einbau nichtmetallischer Fremdstoffe bei der Elektrokristallisation werden Schichteigenschaften erhalten, die sich auf das Gebrauchsverhalten in verschiedener Weise auswirken. Durch Zugabe organischer Substanzen zum Elektrolyten wird bekanntlich der Fremdstoffgehalt erhöht.

6.7.1 Der Schwefel- und Kohlenstoffgehalt der Nickelschichten

Da Saccharin eine schwefelhaltige Verbindung ist, interessiert vor allem der Schwefelgehalt in der Nickelschicht, da ein erhöhter Schwefelgehalt zur Warmsprödigkeit des Nickels durch Korngrenzenausscheidung von Nickelsulfid führt /83/. Aufgrund der Kenntnis der Saccharinzersetzung läßt sich der Schwefel- und Kohlenstoffgehalt in der Nickelschicht auch berechnen, womit schon während der Elektrolyse Vorhersagen über das Bauteilverhalten im späteren praktischen Einsatz gemacht werden können.

Das Saccharin zersetzt sich bei der Elektrolyse zu der schwefelhaltigen Verbindung o-Toluolsulfonamid und zu der schwefelfreien Verbindung Benzamid. Der mit der Spannungsverminderung verbundene Schwefeleinbau erfolgt beim Saccharin durch die Zersetzung zu Benzamid. Der Schwefelgehalt ergibt sich zu:

$$\text{S-Gehalt} = \frac{m_S \cdot \frac{32}{183} - m_T \cdot \frac{32}{171}}{m_{Ni}} \cdot 100 \text{ in \%} \tag{15}$$

In ähnlicher Weise läßt sich der Kohlenstoffgehalt ermitteln:

$$\text{C-Gehalt} = \frac{m_S \cdot \frac{84}{183} - m_T \cdot \frac{84}{171} - m_B \cdot \frac{84}{121}}{m_{Ni}} \cdot 100 \text{ in \%} \tag{16}$$

wobei: m_S = umgesetzte Masse an Saccharin in g
m_T = entstandene Masse an o-Toluolsulfonamid in g
m_B = entstandene Masse an Benzamid in g
m_{Ni} = abgeschiedene Masse an Nickel in g

Die umgesetzten Massen der organischen Stoffe sind mit Umrechnungsfaktoren versehen, die den Massenanteil an Schwefel bzw. Kohlenstoff je Molmasse angeben. Aufgrund der geringen Werte für den Schwefel- und Kohlenstoffgehalt läßt sich die Berechnung aber nur sinnvoll nach einem größeren Durchsatz mit einem entsprechenden Umsatz an organischen Stoffen durchführen.

Der Schwefel- und Kohlenstoffgehalt des Nickels unter verschiedenen Elektrolysebedingungen im Arbeitsbereich A abgeschieden ist durch Verbrennungsanalyse ermittelt worden. Aufgrund der dabei jeweils stattgefundenen Saccharinzersetzung ist nach den Gleichungen 16 und 17 der Schwefel- und Kohlenstoffgehalt theoretisch berechnet worden. Die Ergebnisse sind in Tabelle 13 zusammengestellt.

Der Schwefelgehalt des aus einem zusatzfreien Elektrolyten abgeschiedenen Nickels wurde zu 0,0011% ermittelt (siehe auch /35/). Der Schwefel liegt als Sulfid und Sulfat vor, wobei das Sulfid durch Reduktion des Sulfates gebildet wird /79/.

Die praktisch gemessenen Schwefel- und Kohlenstoffgehalte stimmen demnach sehr gut mit den theoretisch berechneten überein. Diese gute Übereinstimmung läßt auch den Schluß zu, daß kein Schwefel- bzw. Kohlenstoffeinbau durch das verwendete Tensid Sulfobernsteinsäureester erfolgt. Die geringe Tensidabnahme, die bei den Langzeituntersuchungen zu beobachten war, muß deshalb auf Verschleppung beim Wechseln der Kathodenbleche zurückgeführt werden.

Abscheidebedingungen	S-Gehalt in % gemessen	S-Gehalt in % berechnet	C-Gehalt in % gemessen	C-Gehalt in % berechnet
pH-Wert: 3,0 Stromdichte: 1 A/dm^2 Temperatur: 50^oC	0,033	0,036	0,021	0,027
pH-Wert: 3,9 Stromdichte: 1 A/dm^2 Temperatur: 50^oC	0,022	0,022	0,008	0,007
pH-Wert: 4,5 Stromdichte: 1 A/dm^2 Temperatur: 50^oC	0,020	0,018	0,009	0,006
pH-Wert: 3,9 Stromdichte: 3 A/dm^2 Temperatur: 50^oC	0,024	0,021	0,010	0,012
pH-Wert: 3,9 Stromdichte: 5 A/dm^2 Temperatur: 50^oC	0,029	0,025	0,016	0,015
pH-Wert: 3,9 Stromdichte: 1 A/dm^2 Temperatur: 60^oC	0,021	0,021	0,008	0,007

Tabelle 13: Schwefel- und Kohlenstoffgehalt der Nickelschichten bei verschiedenen Elektrolysebedingungen im Arbeitsbereich A

6.7.2 Die Wärmebehandlung des abgeschiedenen Nickels

Unter den in Kapital 5.2 angegebenen Standardbedingungen wurden mehrere Nickelfolien im Arbeitsbereich A des Elektrolyten hergestellt. Diese Nickelfolien wurden jeweils 24 Stunden bei verschiedenen Temperaturen ausgelagert. Anschließend wurden die mechanischen Schichteigenschaften untersucht. In Bild 28 ist zu erkennen, daß sich eine Wärmebehandlung durchaus positiv auf die Zugfestigkeit und Duktilität auswirkt, die Härte nimmt nur geringfügig ab.

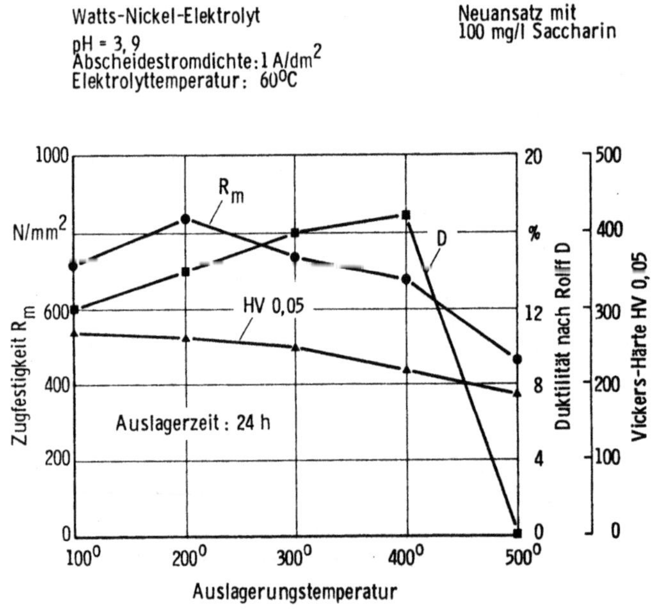

Bild 28: Einfluß der Auslagerungstemperatur auf die mechanischen Schichteigenschaften

Das galvanogeformte Nickel mit einem Schwefelgehalt von 0,022% kann deshalb bis zu Temperaturen von 400°C eingesetzt werden, ohne daß die mechanischen Schichteigenschaften nachteilig beeinflußt werden. Bei 500°C sind die Nickelschichten allerdings versprödet, die Duktilität nach Rolff ist nicht mehr meßbar. Der Grad der Versprödung ist neben der Temperatur und Auslagerzeit auch noch abhängig von den jeweiligen Galvanisierbedingungen. Weitergehende Untersuchungen wurden im Rahmen dieser Arbeit nicht durchgeführt.

6.7.3 Gefügeuntersuchungen

Das Gefüge einer galvanisch abgeschiedenen Nickelschicht kann je nach Elektrolysebedingung sehr verschieden sein. Nach Fischer scheidet sich das Nickel aus Lösungen einfacher Salze im feldorientierten Texturtyp ab /84/. Das Gefüge einer derartigen Schicht besitzt eine Säulenstruktur. Die mechanischen Eigenschaften sind stark strukturabhängig. Die Änderungen der mechanischen Eigenschaften beim Abarbeiten eines saccharinhaltigen Elektrolyten zeigen sich auch im Gefüge dieser Schichten. Von den in den verschiedenen Arbeitsbereichen A bis D erhaltenen Nickelfolien wurden an Querschliffen raster-elektronenmikroskopische Aufnahmen gemacht. Die Abscheidestromdichte betrug 1 A/dm^2, die Elektrolyttemperatur 60°C und der pH-Wert 3,9.

Das im Arbeitsbereich A abgeschiedene Nickel zeigt eine ausgeprägte Wachstumstextur (Bild 29a). Die Körner sind länglich und reihen sich in Feldrichtung hintereinander, sie sind teilweise sehr klein. Dazwischen befinden sich große Stengel, die noch in sich strukturiert sind. Im Arbeitsbereich B wird das Gefüge feinkörniger, hat aber noch eine deutliche Textur. Man findet einzelne lange Nadeln, die nur wenig von der Richtung der Feldlinien abweichen (Bild 29b). Im Arbeitsbereich C wird das Nickel ohne Textur abgeschieden (Bild 29c). Dieses texturfreie Nickel ist praktisch spannungsfrei abgeschieden und besitzt die höchsten Werte für Zugfestigkeit und Duktilität. Das unter Zugspannungen abgeschiedene Nickel im Arbeitsbereich D zeigt wieder das feldorientierte Wachstum, in einzelnen Bereichen sind ein globulares Wachstum sowie Dendriten erkennbar (Bild 29d).

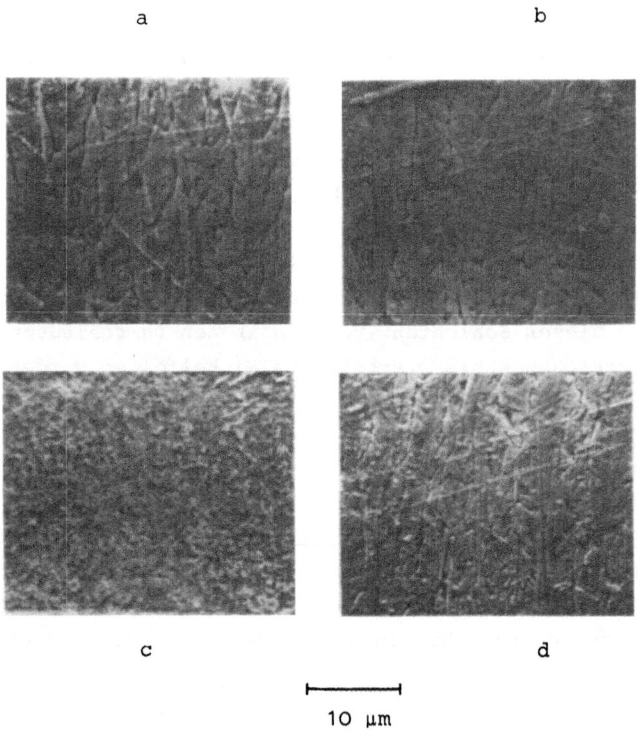

Bild 29: Raster-elektronenmikroskopische Aufnahmen der Nickelschichten

Wesentlich stärker wird das Gefüge durch Zugabe unterschiedlicher Tenside zum Nickelelektrolyten beeinflußt. Während die Nickelschichten, die aus einem saccharinhaltigen Elektrolyten mit Sulfobernsteinsäureester abgeschieden sind, ein kolumnares Gefüge mit einer Härte von 270 HV 0,05 aufweisen, bewirkt Fettalkoholpolyethersulfat in Verbindung mit Saccharin ein lamellares Gefüge mit einer Härte von über 500 HV 0,05. Die weiteren Schichteigenschaften, die bei Einsatz dieses Tensids im saccharinhaltigen Elektrolyten erhalten werden, sind in Kapitel 6.6.5 angegeben.

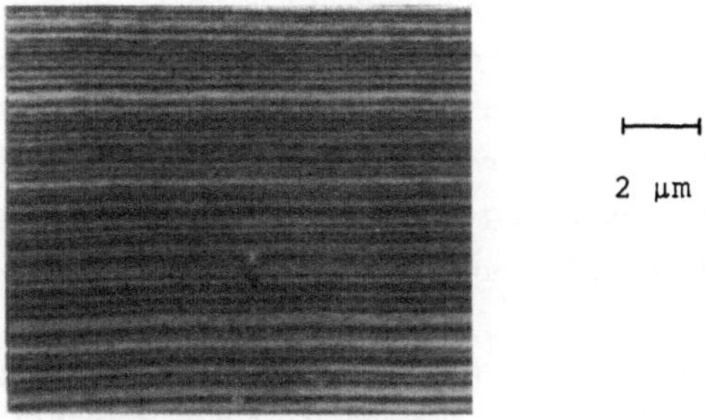

Bild 30: Raster-elektronenmikroskopische Aufnahme einer Nickelschicht mit lamellarem Gefüge

Diese lamellare Schichtstruktur wird nur in der Zusatzkombination von Saccharin und Fettalkoholpolyethersulfat zum Nickelelektrolyten erhalten. Weder das Tensid allein, noch in Kombination mit o-Toluolsulfonamid oder Benzamid verursachen das lamellare Wachstum der Nickelschicht. Die lamellare Schichtstruktur wird nur durch oxidative Ätzung der Nickelschicht sichtbar. Aus der raster-elektronenmikroskopischen Aufnahme ist ersichtlich, daß die Lamellen durch verschieden starkes Anätzen der Nickelschicht zum Vorschein kommen. Das bedeutet, daß diese Schichten nicht homogen, sondern aus edleren und unedleren Schichten aufgebaut sind. Möglicherweise erfolgt die Zersetzung des Benzamids und der damit verbundene Kohlenstoffeinbau diskontinuierlich.

7 Bedeutung für die Praxis

In der Galvanoformung ist man bestrebt, über einen längeren Beschichtungszeitraum Schichten mit konstanten mechanischen Eigenschaften abzuscheiden. Die spannungsvermindernde Wirkung des Saccharins ist mit einer Zersetzung zu o-Toluolsulfonamid und Benzamid verbunden. Trotz Anreicherung der Zersetzungsprodukte während der Elektrolyse lassen sich bei Beachtung bestimmter Voraussetzungen gleichbleibende Werkstoffeigenschaften erzielen.

Die Zersetzung des Saccharins bei der Elektrolyse wird am besten durch die drei folgenden Größen beschrieben:

- ladungsbezogener Massenumsatz des Saccharins J in mg/Ah
- molares Verhältnis des zersetzten Saccharins zu o-Toluolsulfonamid X_T
- molares Verhältnis des zersetzten Saccharins zu Benzamid X_B

Diese Werte können aufgrund der Analysenergebnisse in Abhängigkeit vom Durchsatz ermittelt werden. Solange sich Saccharin konstant zersetzt, d.h. die Werte für J, X_T und X_B sich nicht ändern, werden gleichbleibende Schichteigenschaften erhalten. Erfolgt der Abbau des Saccharins nicht mehr konstant mit dem Durchsatz, was bei niedrigen Saccharinkonzentrationen der Fall ist, so ändern sich die Schichteigenschaften erheblich mit dem Durchsatz.

Dies gilt insbesondere auch für die inneren Spannungen. Wünschenswert ist das Abscheiden spannungsfreier Nickelschichten, da hierbei das Nickel auch die höchste Zugfestigkeit und Duktilität besitzt. Jegliche Zug- oder Druckspannungen müssen durch besondere Konstruktion vom Badmodell aufgenommen werden. Das Abscheiden spannungsfreier Schichten ist aber aus saccharinhaltigen Elektrolyten nur in einem sehr begrenzten Arbeitsbereich möglich. Hierfür läßt sich keine entsprechende Saccharinkonzentration angeben, vielmehr resultieren die inneren Spannungen aus dem jeweiligen ladungsbezogenen Massenumsatz des Saccharins. Beim reaktionskontrollierten Vorgang der Saccharinzersetzung gibt es für jede Elektrolysebedingung einen maximalen ladungsbezogenen Massenumsatz, bei dem sich konstante Druckspannungswerte einstellen. Spannungsfreie Nickelschichten werden bei geringerem Massenumsatz des Saccharins abgeschieden, der über einen längeren Beschichtungszeitraum nicht eingehalten werden kann. Außerdem ist zu berücksichtigen, daß die inneren Spannungen nicht nur vom Massenumsatz des Saccharins abhängig sind, sondern auch von der Stromdichte. Bei komplizierten Kathodengeometrien kann es zu erheblichen Unterschieden in der örtlichen Stromdichte kommen.

Nickelschichten mit definierten und stets reproduzierbaren Werkstoffeigenschaften lassen sich nur im Arbeitsbereich A mit einer entsprechend hohen Konzentration an Saccharin und einer möglichst geringen Konzentration an Zersetzungsprodukten im Elektrolyten erzielen. Die Anfangskonzentration an Saccharin richtet sich nach der zu erwartenden Beschichtungsdauer. Bei höheren Saccharinkonzentrationen läßt sich der Arbeitsbereich A über einen größeren Durchsatz aufrechterhalten. Eine nachteilige "Überdosierung" des Saccharins ist nicht möglich, wie vergleichende Untersuchungen mit einer gewählten Anfangskonzentration von 2 g/l ergaben. Der Arbeitsbereich B mit den verminderten Werten für Zugfestigkeit und Duktilität wird dabei schon bei höheren Saccharinkonzentrationen bei einem entsprechend höheren Gehalt an Zersetzungsprodukten im Elektrolyten erreicht.

Die Schichteigenschaften sind in starkem Maße von den Elektrolysebedingungen abhängig. Wesentlichen Einfluß hat dabei die Stromdichte, die Temperatur und der pH-Wert des Elektrolyten. Durch Variation dieser Einstellgrößen lassen sich beim Galvanisieren die gewünschten Schichteigenschaften einstellen. Die Galvanisierbedingungen sind mit dem Anforderungsprofil an das galvanogeformte Bauteil abzustimmen, wobei die Werte für Zugfestigkeit und Härte in etwa parallel laufen, während mit zunehmender Zugfestigkeit die Duktilität abnimmt. Auch die Werte für die Druckspannungen lassen sich durch die Elektrolysebedingungen beeinflussen. Das Druckspannungsplateau läßt sich durch Erhöhen der Elektrolyttemperatur, des pH-Wertes und der Stromdichte verringern.

Je mehr Zersetzungsprodukte im Elektrolyten gebildet werden, umso geringer ist der Fremdstoffeinbau in die Nickelschicht. Bei allen Galvanisierbedingungen, bei denen ein geringer Schwefel- und Kohlenstoffeinbau erfolgt, werden hohe Werte für die Duktilität erzielt. Eine Härtesteigerung des Nickels wird dagegen durch einen erhöhten Fremdstoffeinbau verursacht. Diese Schichteigenschaften lassen sich insbesondere durch die Wahl des eingesetzten Tensids beeinflussen. Sehr harte Nickelschichten von über 5oo HV 0,05 lassen sich aus saccharinhaltigen Elektrolyten durch Zugabe spezieller Tenside, wie Fettalkoholpolyethersulfate erzielen, die Duktilität dieser Schichten ist aber sehr gering. Bei Einsatz von Sulfobernsteinsäureestern lassen sich dagegen sehr duktile Schichten abscheiden. Dieses schaumarme Tensid hat außerdem den Vorteil, daß durch Einblasen von Luft auch an ungünstigen Stellen der Kathode die Porenbildung vermieden werden kann. Der Einfluß der Einstellgrößen beim Galvanisierprozeß auf die mechanischen Schichteigenschaften ist in Bild 31 dargestellt.

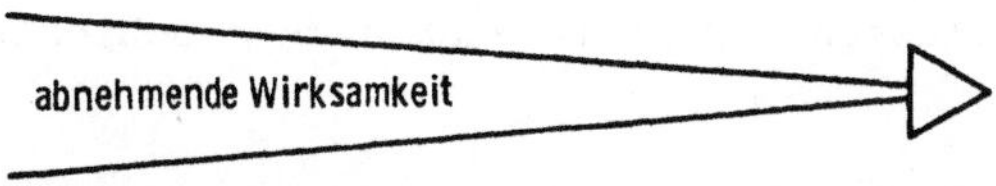

Einstellgröße / Schichteigenschaft	Tensidtyp	Abscheidestromdichte	pH-Wert des Elektrolyten	Temperatur des Elektrolyten
Härte ↑	1 → 2	↑	↓	↓
Zugfestigkeit ↑	1 → 2	↑	↓	↓
Duktilität ↑	2 → 1	↓	↑	↑
Druckspannungen ↓	2 → 1	↑	↑	↑

↑ zunehmend
↓ abnehmend

Tensidtyp 1 = Sulfobernsteinsäureester
Tensidtyp 2 = Fettalkoholpolyethersulfat

Bild 31: Einfluß der Galvanisierparameter auf die mechanischen Schichteigenschaften

Um eine Übertragbarkeit der Ergebnisse auf die Praxis zu gewährleisten, wurden die Untersuchungen in verschiedenen Galvanisieranlagen und mit mehreren Bewegungsarten durchgeführt. Der Zersetzungsmechanismus des Saccharins ist unabhängig von der Behältergröße und -geometrie. Es ergeben sich jeweils auch die gleichen mechanischen Schichteigenschaften.

Alle Untersuchungen sind weitgehend mit analysenreinen Chemikalien und bidestilliertem Wasser durchgeführt worden. Jegliche Fremdverunreinigungen können die Zersetzung des Saccharins beeinflussen und damit auch andere Schichteigenschaften ergeben.

Als hervorragende Methode zur Überwachung der organischen Elektrolytbestandteile hat sich die Hochleistungs-Flüssigkeitschromatographie (HPLC) erwiesen. Mit dieser schnellen und einfach zu handhabenden Analysenmethode kann das Abbauverhalten des Saccharins genau verfolgt werden. Die Analysenergebnisse gestatten Rückschlüsse auf die zu erwartenden Bauteileigenschaften. Die HPLC erweist sich somit für das Einhalten enger Fertigungstoleranzen als geeignete Überwachungsmethode.

Der weitere Schritt dieser instrumentellen Analytik kann in einer Automatisierung bestehen, wofür es folgende Gründe gibt:

- Das Abarbeiten größerer Analysenmengen zur Prozeßsteuerung ist nur noch mittels Automaten vertretbar.
- Effektiv arbeitende Analysen-Automaten sind in der Regel billiger, als wenn die Analysen mit klassischen Geräten "per Hand" ausgeführt werden.

- Analysen-Automaten liefern subjektiv (durch das Bedienungspersonal nicht beeinflußte Analysenergebnisse.

Bei der Verwendung von Automaten in der instrumentellen Analytik müssen folgende Typen unterschieden werden:

- Teil-Automaten = automatische Systeme, bei denen jedoch einzelne Vorgänge des analytischen Ablaufes noch manuell ausgeführt werden.
- Voll-Automaten = Systeme, die völlig selbständig alle zum analytischen Ablauf gehörenden Vorgänge abarbeiten.
- Logische Automaten = Voll- oder Teil-Automaten, die imstande sind, anhand der Meßergebnisse den Ablauf zu ändern (z.B. zu optimieren).

Für einen Galvanoformungsbetrieb kann das automatische Chromatographiesystem folgendermaßen aussehen (Bild 32).

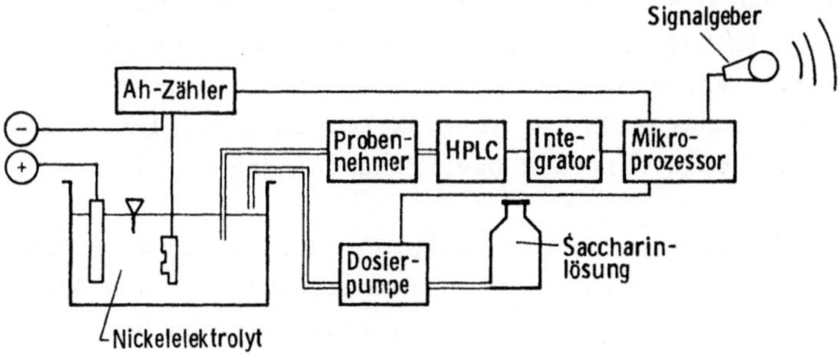

Bild 32: Regelkreis für eine automatische Prozeßüberwachung

Dem Nickelelektrolyten werden in regelmäßigen Abständen Proben entnommen, und die Konzentrationen von Saccharin und den Zersetzungsprodukten mittels HPLC bestimmt. Mit Hilfe eines angeschlossenen Mikroprozessors werden aus den Analysendaten der ladungsbezogene Massenumsatz J des Saccharins und das molare Verhältnis des zersetzten Saccharins zu o-Toluolsulfonamid X_T und zu Benzamid X_B ermittelt und mit den eingegebenen Soll-Daten verglichen. Bei Abweichungen wird ein Signal gegeben. Bei Unterschreiten einer Mindestkonzentration wird Saccharin über eine Dosierpumpe dem Elektrolyten nachgeliefert.

8 Zusammenfassung

Die hohen Zugspannungen von elektrolytisch abgeschiedenen Nickelschichten lassen sich nur durch Zusatz bestimmter organischer Schwefelverbindungen zum Watts-Elektrolyten vermindern oder in Druckspannungen umkehren. Saccharin als Spannungsverminderer zersetzt sich dabei während der Elektrolyse. Im Bereich der Galvanoformung kommt es bedingt durch die langen Abscheidezeiten zu einer Anreicherung von Zersetzungsprodukten im Elektrolyten, die die Schichteigenschaften nachteilig beeinflussen können.

In dieser Arbeit wird mit Hilfe der Hochleistungs-Flüssigkeitschromatographie (HPLC) das Abbauverhalten des Saccharins in einem Watts-Elektrolyten sowie Art und Menge der sich bildenden Zersetzungsprodukte verfolgt. Das Saccharin zersetzt sich an der Kathode zu o-Toluolsulfonamid und Benzamid. Diese Stoffe reichern sich mit zunehmender Abscheidedauer im Elektrolyten an. Daneben wird in sehr geringer Konzentration Benzylsultam und 2,3-Dihydro-3-hydroxy-benzisothiazol-1,1-dioxid gefunden. Ein weiteres

Zersetzungsprodukt, die o-Sulfobenzoesäure, wird nur an passiven Nickelanoden gebildet.

Die damit gewonnenen Ergebnisse werden mit den mechanischen Eigenschaften der abgeschiedenen Nickelfolien, wie innere Spannungen, Zugfestigkeit, Duktilität und Härte, in Beziehung gesetzt. Es zeigt sich, daß nicht der momentane Gehalt an organischen Bestandteilen die mechanischen Schichteigenschaften beeinflußt, sondern der stoffliche Umsatz während der Elektrolyse. Dieser wird durch den ladungsbezogenen Massenumsatz des Saccharins und durch das molare Verhältnis des zersetzten Saccharins zu o-Toluolsulfonamid und zu Benzamid bestimmt. Es werden dabei eindeutige Beziehungen zwischen dem ladungsbezogenen Massenumsatz des Saccharins und den inneren Spannungen der Nickelschichten gefunden.

Mit der Zersetzung des Saccharins ist ein Schwefel- und Kohlenstoffeinbau in die Nickelschicht verbunden. Der Schwefeleinbau erfolgt durch die Zersetzung des Saccharins zu Benzamid, der Kohlenstoffgehalt wird vorrangig durch weitere Zersetzung des Benzamids verursacht. Zunehmender Fremdstoffgehalt erhöht die Härte und die Zugfestigkeit, während die Duktilität abnimmt. Um eine hohe Duktilität zu erzielen, sind die Galvanisierbedingungen so zu wählen, daß ein möglichst geringer Fremdstoffeinbau erfolgt. Aufgrund der analytischen Erfassung der organischen Stoffe im Elektrolyten läßt sich der Fremdstoffgehalt berechnen, womit Vorhersagen über die Werkstoffeigenschaften der galvanogeformten Bauteile schon während der Elektrolyse gemacht werden können.

Unter verschiedenen Elektrolysebedingungen wird die Zersetzung des Saccharins und die sich dabei einstellenden

Schichteigenschaften untersucht. Einflußgrößen auf die Schichteigenschaften sind:

- Abscheidestromdichte
- pH-Wert des Elektrolyten
- Elektrolyttemperatur
- Art des eingesetzten Tensids
- Bewegung des Elektrolyten

Während des Abarbeitens eines saccharinhaltigen Elektrolyten lassen sich deutlich verschiedene Arbeitsbereiche für den Massenumsatz der organischen Stoffe charakterisieren, die die Schichteigenschaften des Nickels beeinflussen. Nickelschichten mit gleichbleibenden und stets reproduzierbaren Schichteigenschaften können nur in einem begrenzten Abscheideintervall erzielt werden. Der Einsatz der HPLC dient dabei zur Sicherung des Fertigungsablaufes.

Durch die analytische Erfassung der organischen Stoffe läßt sich ein erforderliches Nachdosieren von Saccharin, bzw. eine notwendige Aktivkohlereinigung überwachen. Die Voraussetzungen für eine automatische Prozeßführung sind damit gegeben.

9 Schrifttum

9.1 Bücher und Aufsätze

/1/ Winkler, L.: Galvanoformung - ein modernes Fertigungsverfahren. Metalloberfläche 21 (1967), S. 225-233 und S. 261-267.

/2/ Weiler, G.G.: Galvanoformung - Einsatz im Werkzeug- und Formenbau. Metalloberfläche 30 (1976), S. 69-73.

/3/ Spiro, P.: Electroforming. A Comprehensive Survey of Theory, Practice, and Commercial Applications. Robert Draper Ltd., Teddington (GBR) 1971.

/4/ Watson, S.A.: Wirtschaftliche Herstellung komplizierter Teile durch Galvanoformung. Konstruktion-Elemente-Methoden 9 (1972), S. 92-96.

/5/ N.N.: AES-ASTM Electroforming Symposium Atlanta (USA) 1974. Tagungsberichtsband. American Electroplaters Society, New Jersey (USA) 1974.

/6/ N.N.: SUR/FIN '79: 66th AES Annual Technical Conference. Plating & Surface Finishing 66 (1979), S. 24-25.

/7/ N.N.: Galvanoformung mit Nickel. Hrsg.: International Nickel Deutschland GmbH, Düsseldorf 1969.

/8/ Bidmead, G.F.: Engineering Plating. Trans. Inst. Metal Finish. 59 (1981), S. 129-134.

/9/ Bidmead, G.F. u. G.R. Davies: The Potentialities of Electrodeposition and Associated Process in Engineering Practice. Trans. Inst. Metal Finish. 56 (1978), S. 97-105.

/10/ Schwabe, H.U.: Galvanoformung mit Nickel. Galvanotechnik 67 (1976), S. 827-834.

/11/ Watson, S.A.: Nickelektrolyte zum Abscheiden funktioneller Dicknickelschichten. Werkstoffe und ihre Veredlung 1 (1979), S. 29-36.

/12/ Winkler, L.: Galvanoformung. In: Jahrbuch Oberflächentechnik Band 36 (1980), S. 138-148. Metall-Verlag GmbH, Berlin 1980.

/13/ Watson, S.A.: Galvanoformung mit Nickel; Herstellung von Spritz- und Druckgießformen. Egon G. Leuze Verlag, Saulgau 1976.

/14/ Suchentrunk, R. u. O. Tuscher: Galvanoformung in Luft- und Raumfahrt. Galvanotechnik 70 (1979), S. 1178-1184.

/15/ Riedel, W.: Zur Duktilität von galvanisch und chemisch abgeschiedenen Überzügen. Galvanotechnik 71 (1980), S. 1207-1211.

/16/ Silverstone, P.C.: Electroforming / Electroplating of Large Space Simulators. In: Tagungsberichtsband AES/ASTM Electroforming Symposium, Atlanta 1974. American Electroplaters Society, New Jersey (USA).

/17/ Sample, C.H. u. P.B. Croly: Nickel. In: Handbuch der Galvanotechnik, Band II, Hrsg.: Dettner, W. u. J. Elze. Carl Hanser Verlag, München 1966, S. 87-141.

/18/ Dini, J.W., H.R. Johnson u. L.A. West: On the High Temperature Ductility Properties of Electrodeposited Sulfamate Nickel. Plating & Surface Finishing 65 (1978), S. 36-40.

/19/ Knödler, A.: Innere Spannungen in galvanischen Niederschlägen. Metalloberfläche 20 (1966), S. 52-56.

/20/ Resch, H.: Der Einfluß organischer Verbindungen auf die inneren Spannungen von Nickelschichten und auf die Dauerfestigkeit vernickelter Federn. Wiss. Z. Ilmenau 19 (1973), S. 95-100.

/21/ Feigenbaum, H. u. R. Weil: Structure - Internal Stress Relationship in the early Stages of Nickel Electrodeposition. Plating & Surface Finishing 66 (1979), S. 64-67.

/22/ Wagner, E. u. H. Speckardt: Abscheidungseigenspannungen von Nickeldispersionsschichten. Metalloberfläche 30 (1976), S. 175-180.

/23/ Dubský, J. u. P. Kozák: Kathodische Reaktionen von Glanzzusätzen der ersten Klasse im Nickelbad. Metalloberfläche 24 (1970), S. 423-430.

/24/ Dubský, J. u. P. Kozák: Ermittlung der anodischen Oxidationsprodukte von Glanzzusätzen der ersten Klasse im Nickelbad. Metalloberfläche 27 (1973), S. 217-227.

/25/ Riedel, W.: Einfluß von Struktur und Fremdstoffen auf die mechanischen Eigenschaften von Überzügen. Galvanotechnik 71 (1980), S. 222-224.

/26/ Leudolph, J.: Galvanoformung als Komplementärverfahren zum Formteilätzen. Galvanotechnik 72 (1981), S. 717-720.

/27/ van Delft, J.Ph., J. van der Waals u. A. Mohan: Electroforming of Perforated Products. Trans. Inst. Metal Finish. 53 ((1975), S. 178-183.

/28/ Weinberger, H.: Probleme bei der Fertigung galvanogeformter Nickel-Preßmatrizen für die Schallplattenherstellung. Oberfläche-Surface 20 (1979), S. 246-248.

/29/ Meier, M.: Herstellung von galvanisch geformten Siebdruckmasken für elektronische Bauelementträger. Galvanotechnik 69 (1978), S. 593-596.

/30/ Wearmouth, W.R.: Anwendung und Entwicklung der Galvanoformung mit Nickel in der Werkzeugindustrie. Galvanotechnik 71 (1980), S. 468-473.

/31/ Menges, G. u. P. Mohren: Anleitung für den Bau von Spritzgießwerkzeugen. Carl Hanser Verlag München, 1974.

/32/ Edwards, J.: The Properties of Bright Nickel Electrodeposits in Relation to the Period of Service of the Plating Bath. Trans. Inst. Metal Finish. 35 (1958), S. 175-226.

/33/ Brugger, R.: Die Reinigung von Nickelbädern. In: Die galvanische Vernickelung. Hrsg.: Weiner, R. Egon G. Leuze Verlag, Saulgau 1967, S. 280-288.

/34/ Beyer, G.H.: Probleme bei der Galvanisierung von flexiblen Basismaterialien. Metalloberfläche 32 (1978), S. 509-513.

/35/ Dubský, J.: Methoden zu Bestimmung von Saccharin in Nickelbädern. Metalloberfläche 20 (1966), S.85-93.

/36/ von Krusenstjern, A. u. M. Yuguchi: Die polarographische Bestimmung von Saccharin in galvansichen Nickelbädern. Metalloberfläche 20 (1966), S. 320-321.

/37/ Knödler, A. u. E. Raub: Einfluß der Molekularstruktur organischer Schwefelverbindungen auf die inneren Spannungen von Nickelniederschlägen. Metalloberfläche 27 (1973), S. 48-59.

/38/ Saubestre, E.B.: The Chemistry of Bright Nickel Plating Solutions. Plating 45 (1958), S. 1219-1227.

/39/ Raub, E. u. M. Wittum: Der Einfluß organischer Verbindungen auf die galvanische Vernickelung. Z. Elektrochem. 46 (1940), S. 71-82.

/40/ Kendrick, R.J.: The Effects of Organic Brighteners in the Electrodeposition of Nickel. Ph.D. Thesis, University of Nottingham 1962.

/41/ Edwards, J.: Incorporation of Sulphur in Nickel Deposited from Solutions Containing p-Toluenesulphonamide and Saccharin. Trans. Inst. Metal Finish. 39 (1962), S. 52-55.

/42/ Strauch, A. u. O. Striegler: Über den Schwefelgehalt galvanischer Nickelschichten. Galvanotechnik 67 (1976), S. 738-742.

/43/ Knödler, A.: Einfluß der Schwefelverbindungen auf die elektrolytische Abscheidung des Nickels. Oberfläche-Surface 10 (1969), S. 390-398.

/44/ Strube, G.: Chemisches und elektrochemisches Verhalten galvanischer Bäder bei der Elektrolyt-Rückführung. Oberfläche-Surface 22 (1981), S. 331-333.

/45/ Götte, E.: Vorschläge zur Terminologie der grenzflächenaktiven amphiphilen Verbindungen. Fette, Seifen, Anstrichmittel 62 (1960), S. 789-790.

/46/ Strauß, W.: Grenzflächenaktive Stoffe in der Galvanotechnik. Tenside 3 (1966), S. 144-150.

/47/ Tombrink, H.H.: Die Wirkung von Komplexbildnern auf die elektrolytische Abscheidung und Elektrokristallisation von Metallen. Dissertation TH Aachen 1971.

/48/ Immel, W.: Verhalten organischer Zusätze bei der elektrolytischen Metallabscheidung. Galvanotechnik 67 (1976), S. 459-464.

/49/ Spähn, H.: Der Einfluß von Netzmitteln auf die Härte galvanisch abgeschiedener Nickelschichten. Metalloberfläche 13 (1959), S. 259-264.

/50/ Malak, T.P.: Avoiding Problems before they Occur in the Nonprecious Metal Processing of Printed Circuit Boards. AES Tagungsberichtsband 5th Symposium of Plating in Electronics. Milwakee 1975.

/51/ Pantschev, B.: Galvanische Abscheidung von satinartigen Nickelüberzügen. Galvanotechnik 71 (1980), S. 1316-1322.

/52/ Helle, K. u. A. Opschoor: Electroplating with Fluorpolymer Inclusions. Vortrag Interfinish 80. Kyoto/Japan.

/53/ Engelhardt, H.: Hochdruck-Flüssigkeits-Chromatographie. Springer Verlag Berlin Heidelberg New York 1977

/54/ Kaiser, R.E. u. E. Oelrich: Optimierung in der HPLC. Dr. Alfred Hüthig Verlag Heidelberg Basel New York 1979.

/55/ Zerweck, K., J. Böcker u. T. Bolch: Determination of Organic Agents in Watts-Nickel Solutions for Electroforming. Vortrag Interfinish 80, Kyoto/ Japan.

/56/ Brook, P.A. u. J.A. Crossley: The Reduction of some Naphthalene Derivates during the Electrodeposition of Nickel. Electrochim. Acta 11 (1966), S. 1189-1196.

/57/ Rolff, R.: Meßmethoden für die funktionelle Galvanotechnik. Hrsg.: Schering AG Berlin.

/58/ Muramaki, T. u. Ch.J. Raub: Mechanische Eigenschaften von galvanisch abgeschiedene dünnen Nickelfolien. Metalloberfläche 34 (1980), S. 195-200.

/59/ Nakahara, S., Y. Okinaka u. D.R. Turner: A Simple Ductility Tester for Metal Films. Journal of Testing and Evaluation 5 (1977), S. 178-182.

/60/ Deuber, J.M. u. G.R. Lurie: The Strength and Ductility of Electrodeposited Metals. Plating 60 (1973), S. 715-719.

/61/ Rolff, R.: Zur Messung der Duktilität von dünnen Metallschichten. Metall 30 (1976), S. 650-653.

/62/ Prater, T.A. u. H.J. Read: The Strength and Ductility of Electrodeposited Metals. Plating 36 (1949), S. 1221-1226.

/63/ Binder, H.: Eigenspannungen in galvanischen Niederschlägen. Metalloberfläche 17 (1963), S. 263-270 u. 295-300.

/64/ Raub, E. u. O. Loebich: Ein Beitrag zur Frage der Bildung glänzender elektrolytischer Metallüberzüge. Metalloberfläche 16 (1962), S. 1-6.

/65/ Tietz, H.D.: Zu einigen Entwicklungen auf dem Gebiet der Eigenspannungsmessung. Neue Hütte 26 (1981), S. 225-229.

/66/ Wellenkötter, B. u. H.G. Moslê: Messung und Analyse der Schallemission (SE) während der galvanischen Abscheidung von Nickel und Kupfer. Metalloberfläche 35 (1981), S. 24-29.

/67/ Perakh, M.: Dilatometric Determination of Spontaneous Macrostress in Deposits. Surface Technology 4 (1976), S. 527-537.

/68/ Spähn, H.: Zur Messung von Eigenspannungen in galvanisch abgeschiedenen Metallüberzügen. Metalloberfläche 16 (1962), S. 109-114.

/69/ Stalzer, M.: Geräte für Spannungsmessungen an galvanisch abgeschiedenen Schichten und Beschreibung eines neuentwickelten selbstkompensierenden und registrierenden Gerätes. Metalloberfläche 18 (1964), S. 263-267.

/70/ Dvoràk, A., J. Prusêk u. L. Vrobel: Möglichkeiten zur Messung der Eigenspannungen galvanischer Überzüge. Metalloberfläche 27 (1973), S. 284-288.

/71/ Deutsche Einheitsverfahren zur Wasser-, Abwasser- und Schlamm-Untersuchung. H 23: Bestimmung von Detergentien. 6. Lieferung, Ausgabe 1971. Verlag Chemie, Weinheim.

/72/ Brown, H.: Addition Agents, Anions, and Inclusions in Bright Nickel Plating. Plating 55 (1968), S. 1047-1055.

/73/ Dye, J.L. u. O.J. Klingenmaier: Inclusion of Fuchsin in Bright Nickel Deposits. J. Electrochem. Soc. 104 (1957), S. 275-279.

/74/ Raum, L.: Aktivkohle - Herstellung und Eigenschaften. Oberfläche (1969), S. 250-259.

/75/ Albery, W.J. u. M.L. Hitchman: Ring-disc Electrodes. Clarendon Press Oxford 1971.

/76/ Gregory, D.P. u. A.C. Riddiford: Transport to the Surface of a Rotating Disc. J. Chem. Soc. 103 (1956), S. 3756-3764.

/77/ Harle, A.J. u. L.E. Lyons: The Polarographic Reduction of some Heterocyclic Molecules. J. Chem Soc. 44 (1950), S. 1575-1578.

/78/ Droste, B. u. H.G. Feller: Untersuchung der Nickelabscheidung aus Watts'schen Bädern mit Hilfe dynamischer Impedanz- und Stromdichte-Potential-Messungen. Metalloberfläche 31 (1977), S. 1-6.

/79/ Srivastava, R.D. u. W. Gesser: Impurities in Electrodeposited Nickel. Electrochim. Acta 9 (1964), S. 1405-1409.

/80/ Riedel, W.: Einfluß von Struktur und Fremdstoffen auf die mechanischen Eigenschaften von Überzügen. Metallkundliche Aspekte der Galvanotechnik. Symposium der DG/DGM, Bad Nauheim 1978.

/81/ Safranek, W.H.: The Properties of Electrodeposited Metals and Alloys. American Elsevier Publishing Company Inc., New York 1973.

/82/ Knödler, A. u. K.W. Neugebohren: pH-Änderung in der kathodischen Diffusionsschicht einer Nickelelektrode. Metalloberfläche 24 (1970), S. 78-84.

/83/ Safranek, W.H.: A Survey of Electroforming for Fabricating Structures. Plating 53 (1966), S. 1211-1216.

/84/ Fischer, H.: Elektrokristallisation von Metallen. Z. Elektrochem. 59 (1955), S. 612-622.

9.2 Verwendete Normen

DIN 1788 Bleche und Bänder aus Aluminium und Aluminium-Knetlegierungen mit Dicken von o,o21 bis 0,350 mm; Festigkeitseigenschaften. Dezember 1980.

DIN 50 114 Zugversuch ohne Feindehnungsmessung an Blechen, Bändern oder Streifen mit einer Dicke unter 3 mm. Dezember 1980.

DIN 50 145 Zugversuch. Mai 1975.

DIN 50 154 Zugversuch ohne Feindehnungsmessung an Folien und Bändern aus Aluminium und Aluminium-Knetlegierungen mit einer Dicke bis zu 0,179 mm. Dezember 1980.

DIN 50 221 Zugprüfmaschinen. August 1976.

DIN 53 788 Bestimmung der Viskosität bei definiertem Geschwindigkeitsgefälle. April 1974.

DIN 53 900 Tenside. Begriffe. Juli 1972.

DIN 53 914 Bestimmung der Oberflächenspannung. März 1980.

ISO 4516 Metallic and Related Coatings - Vickers and Knoop Microhardness Tests.

IPA Forschung und Praxis

Berichte aus dem Fraunhofer-Institut für Produktionstechnik und Automatisierung, Stuttgart, und dem Institut für Industrielle Fertigung und Fabrikbetrieb der Universität Stuttgart

Herausgeber: Prof. Dr.-Ing. H. J. Warnecke

38 **Arbeitsgangterminierung mit variabel strukturierten Arbeitsplänen — Ein Beitrag zur Fertigungssteuerung flexibler Fertigungssysteme**
Von U. Maier. ISBN 3-540-10213-2.
1980, 111 Seiten mit 45 Abbildungen. 43,-- DM

39 **Kapazitätsabgleich bei flexiblen Fertigungssystemen**
Von P. S. Nieß. ISBN 3-540-10372-4.
1980, 151 Seiten mit 57 Abbildungen. 48,-- DM

40 **Schichtdickenverteilung auf galvanisierten Paßteilen am Beispiel kleiner abgesetzter Wellen und Bohrungen**
Von D. Wolfhard. ISBN 3-540-10373-2.
1980, 177 Seiten mit 83 Abbildungen. 48,-- DM

41 **Planung von Mehrstellenarbeit unter Berücksichtigung von Umfeldaufgaben**
Von S. Häußermann. ISBN 3-540-10374-0.
1980, 136 Seiten mit 59 Abbildungen. 48,-- DM

42 **Untersuchungen zur Schmierfilmdicke in Druckluftzylindern — Beurteilung der Abstreifwirkung und des Reibungsverhaltens von Pneumatikdichtungen mit Hilfe eines neu entwickelten Schmierfilmdicken-meßverfahrens**
Von R. Köhnlechner. ISBN 3-540-10375-9.
1980, 100 Seiten mit 38 Abbildungen und 4 Tabellen. 43,— DM

43 **Typologie zum überbetrieblichen Vergleich von Fertigungssteuerungsverfahren im Maschinenbau**
Von G. Rabus. ISBN 3-540-10376-7.
1980, 174 Seiten mit 88 Abbildungen und 21 Tafeln. 48,— DM

44 **System zur Planung des Umlaufbestandes in Betrieben mit Serienfertigung**
Von K.-G. Wilhelm. ISBN 3-540-10377-5.
1980, 142 Seiten mit 67 Abbildungen und 15 Tafeln. 48,— DM

45 **Rechnerunterstützte Arbeitsplanerstellung mit Kleinrechnern, dargestellt am Beispiel der Blechbearbeitung**
Von W. Hoheisel. ISBN 3-540-10505-0.
1981, 169 Seiten mit 74 Abbildungen. 48,— DM

46 **Beitrag zur Verbesserung der Wirtschaftlichkeit EDV-unterstützter Fertigungssteuerungssysteme durch Schwachstellenanalyse**
Von J. Lienert. ISBN 3-540-10506-9.
1981, 148 Seiten mit 37 Abbildungen. 48,— DM

47 **Die Abscheidung von Öl an Entlüftungsöffnungen drucklufttechnischer Anlagen**
Von W.-D. Kiessling. ISBN 3-540-10604-9.
1981, 117 Seiten mit 48 Abbildungen und 3 Tabellen. 43,— DM

48 **Dynamische Optimierung technisch-ökonomischer Systeme**
Von J. Warschat. ISBN 3-540-10717-7.
1981, 132 Seiten mit 60 Abbildungen. 43,— DM

49 **Bildsensor zur Mustererkennung und Positionsmessung bei programmierbaren Handhabungsgeräten**
Von H. Geißelmann. ISBN 3-540-10735-5.
1981, 125 Seiten mit 52 Abbildungen. 43,— DM

50 **Verfügbarkeitsberechnung für komplexe Fertigungseinrichtungen**
Von Ekkehard Gericke. ISBN 3-540-10779-7.
1981, 132 Seiten mit 71 Abbildungen. 43,— DM

51 **Materialflußgestaltung in Fertigungssystemen**
Von Willi Rößner. ISBN 3-540-10888-2.
1981, 149 Seiten mit 76 Abbildungen. 48,— DM

52 **Beitrag zur Analyse der Auswirkungen der Mikroelektronik, dargestellt am Beispiel der Büromaschinen-Industrie**
Von Werner Neubauer. ISBN 3-540-10991-9.
1981, 145 Seiten mit 27 Abbildungen und 47 Tabellen. 43,— DM

53 **Modelle von Informationssystemen zur kurzfristigen Fertigungssteuerung und ihre Gestaltung nach betriebsspezifischen Gesichtspunkten**
Von Roland Gentner. ISBN 3-540-10992-7.
1981, 181 Seiten mit 69 Abbildungen und 7 Tabellen. 48,— DM

54 **Entwicklung von Verfahren zur Terminplanung und -steuerung bei flexiblen Montagesystemen**
Von Jurgen H. Kolle. ISBN 3-540-11227-8.
1981, 132 Seiten mit 64 Abbildungen und 1 Faltplan. 43,— DM

55 **Arbeits- und Kapazitätsteilung in der Montage**
Von Stefan Dittmayer. ISBN 3-540-11228-6.
1981, 124 Seiten und 56 Abbildungen. 43,-- DM

Die Berichte 38 und folgende sind zu beziehen durch den Springer-Verlag, Berlin Heidelberg New York

IPA Forschung und Praxis

Berichte aus dem Fraunhofer-Institut für Produktionstechnik und Automatisierung, Stuttgart, und dem Institut für Industrielle Fertigung und Fabrikbetrieb der Universität Stuttgart

Herausgeber: Prof. Dr.-Ing. H. J. Warnecke

56 **Beitrag zur systematischen Planung der Qualitätsprüfung bei Klein- und Mittelserienfertigung**
Von Herbert Babic. ISBN 3-540-11325-8
1982, 108 Seiten mit 38 Abbildungen und 7 Tabellen. 53.– DM

57 **Methode zur rechnerunterstützten Einsatzplanung von programmierbaren Handhabungsgeräten**
Von Uwe Schmidt-Streier. ISBN 3-540-11355-X.
1982, 188 Seiten mit 72 Abbildungen. 53.– DM

58 **Werkstoff- und Energiekennwerte industrieller Lackieranlagen, am Beispiel der Automobilindustrie**
Von Rainer Manfred Thiel. ISBN 3-540-11356-8.
1982, 116 Seiten mit 59 Abbildungen.53.– DM

59 **Maßnahmen zum Verbessern der pneumatischen Lackzerstäubung – Teilchengrößenbestimmung im Spritzstrahl –**
Von Klaus Werner Thomer. ISBN 3-540-11507-2.
1982, 162 Seiten mit 94 Abbildungen und 1 Tabelle. 53.– DM

60 **Ermittlung und Bewertung von Rationalisierungsmaßnahmen im Produktionsbereich**
Von Jürgen Schilde. ISBN 3-540-11730-X.
1982, 158 Seiten mit 57 Abbildungen. 53.– DM

61 **Untersuchung von Verfahren der Reihenfolgeplanung und ihre Anwendung bei Fertigungszellen**
Von Mohamed Osman. ISBN 3-540-11747-4.
1982, 124 Seiten mit 32 Abbildungen und 3 Tabellen. 53.– DM

62 **Ein Simulationsmodell zur Planung gruppentechnologischer Fertigungszellen**
Von Volker Saak. ISBN 3-540-11747-4.
1982, 134 Seiten mit 53 Abbildungen. 53.– DM

63 **Verfahren zur technischen Investitionsplanung automatisierter Fertigungsanlagen**
Von Günter Vettin. ISBN 3-540-11747-4.
1982, 134 Seiten mit 63 Abbildungen. 53.– DM

64 **Pneumatische Sensoren zur prozeßsimultanen Messung des Werkzeugverschleißes und zur Kollisionsvermeidung beim Messerkopffräsen**
Von Wolfgang Jentner. ISBN 3-540-11747-4.
1982, 126 Seiten mit 47 Abbildungen und 6 Tabellen. 53.– DM

65 **Rechnerunterstützte Gestaltung ortsgebundener Montagearbeitsplätze, dargestellt am Beispiel kleinvolumiger Produkte**
Von Eberhard Haller. ISBN 3-540-12015-7.
1982, 130 Seiten mit 43 Abbildungen. 53.– DM

66 **Fernsehüberwachung von Schutzgasschweißvorgängen mit abschmelzender Elektrode MIG – MAG**
Von Ruprecht Niepold. ISBN 3-540-12181-7.
1983, 178 Seiten mit 73 Abbildungen und 5 Tabellen. 58.– DM

67 **Entwicklung flexibler Ordnungssysteme für die Automatisierung der Werkstückhandhabung in der Klein- und Mittelserienfertigung**
Von Karl Weiss. ISBN 3-540-12455-1.
1983, 116 Seiten mit 68 Abbildungen. 58.– DM

68 **Automatisierte Überwachungsverfahren für Fertigungseinrichtungen mit speicherprogrammierten Steuerungen**
Von Werner Eißler. ISBN 3-540-12456-X.
1983, 128 Seiten mit 66 Abbildungen. 58.– DM

69 **Prozeßüberwachung beim Galvanoformen**
Von Jürgen Wilhelm Böcker. ISBN 3-540-12457-8.
1983, 118 Seiten mit 32 Abbildungen. 58.– DM

GPSR Compliance

The European Union's (EU) General Product Safety Regulation (GPSR) is a set of rules that requires consumer products to be safe and our obligations to ensure this.

If you have any concerns about our products, you can contact us on ProductSafety@springernature.com

In case Publisher is established outside the EU, the EU authorized representative is:

Springer Nature Customer Service Center GmbH
Europaplatz 3
69115 Heidelberg, Germany

Batch number: 10682421

Printed by Printforce, the Netherlands